U0145261

非知不可的管理學概念

第二版

五南圖書出版公司 印行

Edward Russell-Walling
愛德華 羅素-沃林 著
榮泰生 譯

引　言

如果你不細看的話，公司其實跟人類很像——有深思熟慮的，也有貪婪醜陋的，但絕大多數都介於兩者之間。如同我們人類一樣，公司都希望幹勁十足、荷包滿滿，並對他人有影響力。但如何做到？方法有很多。我們之中有些人有足夠的信心和知識，能夠自行達成目標；有些人會去尋求專家意見；有些公司，而且是絕大多數，會等著看別人怎麼做，然後再如法炮製。

不論是原創還是引用，許多有用的管理理念構成了本書的內容。這些理念可能涉及公司整體策略——公司如何計畫達成目標。有些是關於管理風格，有些會檢視組織——公司如何結構化並安排其系統。本書涉及不同管理理念，包括如何競爭、如何激勵人們、如何改善品質、如何領導以及思考方式等。

管理理念（本書共收錄了 50 個）就像任何產品一樣，它們通常從富有創新精神的公司內部實務中開始，然後在商學院被精鍊成理論、製成理念。從那裡，它們會移向理念零售商，也就是管理與商業顧問，然後他們把這些理念散佈給不同公司，公司會將這些理念付諸實現，並對瑕疵的部分給予回饋。接著學術界人士會修正設計，如果理念是健全的，則此循環會持續不斷。

就像任何產品一樣，這些經營理念是有價的；如果它們光耀奪目又是新的，則價值必高。但它們也有保存期限。令人眼睛一亮的理念，一時之間會成為眾所必備的管理工具，但不旋踵間已成明日黃花（原因可能是管理者發現它言過其實）。每個理念的境遇不同，有的已成為主流的一部分（當然經過幾次調適）。有的被炒得過度，熱門一陣之後，突然跌到谷底，雖然它們的骨幹概念可能變成被接受的理念一部份而繼續流傳。這個「舊瓶新酒」的週期，部分是由學者、顧問炒熱的，因為要有生意上門，他們必須有新的噱頭；部分是因為管理者的需求，他們只要對生意有幫助的事物，一概全盤接受。

「管理」這門學問從來就沒有被清楚地分類為藝術或科學。科學講究明確，這是當代商業中難以捉摸的本質，而且管理者也希望能有某種程度的明確。在這個堅持改變的世界中，缺乏產品（管理理念）保證，才是開發出許多新產品（新管理理念）的原因。持續不斷地增加具有革命性及多樣化的經營理念，是我希望本書能夠提供的。

譯者簡介

榮泰生（Tyson Jung），大同工學院事業經營碩士，美國波士頓大學（Boston University）企業管理碩士，國立政治大學企業管理學博士。曾任政治大學企管系兼任講師、哈佛企管顧問公司顧問、華得廣告公司資訊顧問、士林紡織公司資訊顧問。現任輔仁大學金融與國際企業系、管理學研究所副教授，並任輔仁婦女大學、推廣部碩士學分班講座。

他的研究論文曾刊登在《大同學報》、《政治大學管理評論》、《輔仁學誌》、《輔仁管理評論》、*International Journal of Revenue Management*（*IJRM*）等，並曾得過輔仁大學論文優等獎、管科會論文優等獎，以及財團法人全錄文教基金會論文優等獎。他也曾擔任輔仁管理評論主編、專業期刊審稿人（中華民國管理科學學會、輔仁管理評論、淡江評論）、中國時報管理叢書主編，以及顧問（華得廣告公司、哈佛企管顧問公司、均逢企管顧問公司、士林紡織）。

他的教科書著作有：《國際行銷學》、《管理資訊系統》、《資訊管理學》、《行銷資訊系統》、《電子計算機概論》、《電子計算機概論 — 實習教材》（以上華泰書局出版）；《管理學》、《行銷管理學》、《資料處理》、《廣告策略》、《企業研究方法》、《行銷研究》、《消費者行為》、《計算機概論》、《企業管理概論》、《企業管理概論問題解答》、《現代行銷管理》、《網路行銷 — 電子商務實務》、《活用 Excel 精通行銷研究》、《SPSS 與研究方法》、《Amos 與研究方法》、《UCINET 在社會網絡分析（SNA）之應用》（以上五南圖書出版公司出版）；《管理資訊系統》、《全球行銷管理》（以上滄海書局出版）；《管理學》、《策略管理學》（以上三民書局出版）教科書。

譯作有：《動腦成金》（遠流出版公司，75年）、《商場霸術》（中國生產力中心，75年）、《掌握權勢》（長河出版社，75年）、《如何在三十五歲前財務獨立》（中國生產力中心，76年）、《企業不倒翁》（中國生產力中心，77年）、《網路零售》（五南出版公司，89年），及《行銷學》、《管理學》、（麥格羅公司，95年）、《管理資訊系統》（麥格羅公司，96年）、《當代管理學》（麥格羅公司，97年）。

目錄

CONTENTS

01 變形蟲組織
Adhocracy

在組織結構發展的過程中，變形蟲組織是與科層組織（或稱官僚組織）截然不同的型態。變形蟲組織（adhocracy，又譯爲靈活組織機構、適應型組織）是非結構化的、分權式的以及在理論上具有反應性的。在科層組織內，組織結構比人力資源來得重要；然而，變形蟲組織是被設計來選出一群人當中最傑出的。

根據牛津商業與管理字典（Oxford Dictionary of Business and Management），科層組織（bureaucracy）是「層級式的行政系統。其形成的目的在藉由依據嚴格、無人性的規章，來處理大量的例行性工作。其特色在於持久性與穩定性、累積經驗、因循舊習、忽視個人。」這些特色多少點出了科層主義與變形蟲組織的不同之處。

「變形蟲組織」的觀念首度出現在美國領導理論學家班尼斯（Warren G. Bennis）的著作中。在1968年與史來特（Philip Slater）合著的*The Temporary Society*，討論到未來企業的書上，他預測到：在未來，企業必須依賴靈巧、彈性的專業團隊。他稱這些團隊爲變形蟲組織。Ad hoc這個拉丁字是指「只爲此特殊目的」，但在今日它還有「即興」的意思。（譯註：根據雅虎字典的解釋，adhocracy是由adhoc和cracy拼綴而成，指無固定結構的管理方式或組織，其

> 變形蟲組織是有組織的混亂。
>
> *Alvin Toffler, 1970*

歷史大事年表

1450 創新

1920 分權

目的在發揮個體的積極性與創造性。）

明茲伯格的組織分類（與協調機制）

	單純	複雜
穩定	機械科層（標準化工作、程式與產出）	專業科層（標準化技術與規範）
動態	創業新興公司（直接監督）	變形蟲組織（相互調適）

變形蟲組織的概念自從1970年托佛勒（Alvin Toffler）的暢銷書《未來的衝擊》（*Future Shock*）出版以來受到了極大的推崇。在書中，他將變形蟲組織視爲「新式的、自由形成的活躍組織」，並預測企業必須採取扁平式結構、更快速的資訊流通以及彈性的專案團隊，才能生存。此後，將此概念加以發揚光大的是明茲伯格（Henry Mintzberg）。明茲伯格因深入研究高級主管如何利用其時間而聲名大噪。他對組織結構也有一套看法。在其1979年的著作之一《組織結構》（*The Structuring of Organization*）中，他確認了四種基本型態。這是一個2×2矩陣，橫軸表示工作環境（單純或複雜），縱軸表示改變速度（穩定或動態）。四種類型分別是機械科層、專業科層、創業新興公司以及變形蟲組織。明茲伯格認爲，每種型態的組織分別利用本質上不同的機制來協調活動、賦予權力（每一類型的各團隊都有不同的權力）。

機械科層（The machine bureaucracy） 這類組織的特色是：具有高度專門且例行的工作、正式的程序、許多自訂的規則與規章、正式的溝通、大規模的營運單位，以及相對集權化的決策制訂。在機械科層下的這些人就是明茲伯格所稱的技術官僚

酢漿草組織

管理理論與創新一向被美國所支配，因為美國是世界上最強的經濟體，因此也擁有最大的「管理理論」市場。然而，英國在這方面也偶有貢獻，其中之一就是殼牌石油前任執行長、倫敦商學院教授韓迪（Charles Handy）。韓迪其中一個引人深思的想法即是「酢漿草組織」。在其 1989 年《非理性的時代》（*The Age of Unreason*）一書中的創見。他認為，後變形蟲組織的結構是酢漿草組織 —— 彈性大、纖細。韓迪的酢漿草組織是以三種不同的「葉子」來集結。

第一，是核心工作人員（core work force），也就是全職的專業管理者及行政人員。他們工作勤奮、報酬很高，但人數不多。

然後是契約工（contractual fringe），他們是技術成熟的承包商，公司需要時才雇用他們，依工作成果付費。有時他們使用的方法非公司所能控制。

最後是彈性勞工（flexible labour），他們是兼職的臨時工。公司希望由這些工資低的彈性勞工來完成支援性的工作（如由核心工作人員來做則不划算）。

（technostructure）——一群經理、會計師和規劃者。協調機制就是標準化的程式和產出；這些程式和產出的制訂是技術官僚的責任，因此他們掌握著大權。通用汽車就是一個典型實例。

專業科層（The professional bureaucracy） 在專業科層中，最有影響力的人就是位於作業核心並受到高級訓練的人。基本上，他們獨立工作。就像機械科層一樣，他們也是根據規則規章辦事，不同的是機械科層自訂規則，而專業科層的標準（如協調機制）是來自外部。醫院、大型會計師事務所就是典型實例。

企業的單一式「皇宮」結構已如明日黃花。我們要建造許多「帳篷」。

Charles Handy, 1999

創業新興公司（The entrepreneurial startup） 這類型的公司其技術結構很低，但集權程度很高（權力大多集中在創業者或執行長手上）。協調機制是以直接監督和控制的方式；老闆和資深管理者具有最大的影響力。這類組織通常是具有彈性的、非正式的、鼓勵忠誠、不在乎規劃。在開創的早年，大多數企業都有上述的特性。

變形蟲組織（The adhocracy） 變形蟲組織與機械官僚可謂南轅北轍。變形蟲組織具有新興公司中非正式性的特色，要肩負像專業科層一樣轉移的責任，但程度通常高於新興公司或專業科層。如班尼斯所言，變形蟲組織中的專家具有相當大的自主權，並分佈在小型的、市場導向的專案團隊中。由於創新與創造力是企業的核心，因此標準化與規則制訂的程度相當低。協調決定於即興團隊的相互調整，因此沒有特定的單位擁有不成比例的權力。近年來的 IT 產業都是以即興的方式來建構組織，廣告公司、新媒體公司也是如此。

> 變形蟲組織與傳統的管理原則大相逕庭。
>
> *Henry Mintzberg, 1979*

明茲伯格提出了二類的變形蟲組織。作業變形蟲組織會替其客戶創新、解決問題，如軟體公司、廣告公司。行政變形蟲組織具有相同的團隊結構，但是自給自足的。明茲伯格以美國太空總署為例說明。在行政變形蟲組織中，低層次的作業會被自動化或外包。

變形蟲組織是活生生的。《追求卓越》（*In Search of Excellence*）的共同作者華特曼（Robert Waterman）在 1990 年出版了另外一本書，書名就是《變形蟲組織》。他將變形蟲組織界定為「跨越正式的科層界線以掌握機會、解決問題、獲得成果的任何組織形式」，同時他認為在此詭譎多變的時代，具有適應、調適能力的組織才最有可能成功。

02 平衡計分卡
Balanced scorecard

如果管理是球隊，那麼策略就是贏球並搏進新聞版面的英雄。如果策略無法成功施展，便是英雄無用武之地。因此績效評估與管理和優秀的球員一樣，都是獲勝的重要因素。從 **1990** 年代早期開始，掌握「執行面」的一個法寶就是平衡計分卡。

平衡計分卡（Balanced scorecard）自彼時以降，歷經了不同階段的沿革。1992 年，由卡布蘭與諾頓（Robert S. Kaplan and David Norton）在《哈佛管理評論》揭櫫以來才發揚光大。平衡計分卡考慮到組織的策略，並將這些策略分解成量化目標，然後衡量目標達成的情形。它始於願景（也許是陳述使命），然後將之拆成若干個策略、戰術活動，並以量尺表示。量尺的結構，也就是衡量的活動，必須要「平衡」。

平衡計分卡可描繪你的策略。你害怕如果你做甲，乙就會發生。所以你要透過回饋系統來測試你的假說、監視你的策略。你要不斷詢問這個問題：如果我做甲，乙會發生嗎？

David Norton, 2001

卡布蘭稍後撰寫了《平衡計分卡：開車不能僅靠後視鏡》一書，書中言簡意賅地介紹了平衡計分卡。卡布蘭與諾頓這二位學者並沒有否認以財物統計作為操弄工具，以讓股東安心的必要性，但也同時認為其他的觀點是必要的。除了財務觀點外，他們還增加了三種，總共是四種觀點。

歷史大事年表

1965 公司策略

1985 價值鏈

財務觀點（The financial perspective）「在股東眼中，我們是什麼？」幾乎沒有任何公司會缺乏財務資訊。公司的財務績效是其生存與滿足股東的基礎。因此像資本報酬率、單位成本、現金流量、市占率及利潤成長這些正確資訊，會與公司成長息息相關。卡布蘭與諾頓對於這些指標沒有批評意見，只是認爲太多了一點。他們強調根據定義，財務資料是過時的；它告訴我們組織曾經發生了什麼事情，而不是現在發生了什麼事情。同時他們認爲，在金融廣告業，過去的績效並不能保證未來的成功。

顧客觀點（The customer perspective）「在顧客眼中，我們是什麼？」卡布蘭與諾頓在撰書期間，正值企業更能體認到「從顧客觀點看事情」的必要性，並深刻體會尋找一位新顧客比保有舊顧客還昂貴的事實。「顧客滿意度」逐漸被企業奉爲圭臬，而「顧客關係管

卡布蘭與諾頓

平衡計分卡是當代最風行的管理觀念。某顧問公司最近估計，《財富》美國 1000 強（Fortune 1000）的公司中至少有 40% 使用平衡計分卡。

卡布蘭與諾頓出版了若干本書，並開創了利潤頗豐的顧問事業，來幫助企業落實他們的概念。卡布蘭是哈佛商學院教授，自 1984 年起任教至今。2005 年，卡布蘭榮登《金融時報》（*Financial Times*）前 25 名商業思想家的名錄。諾頓是專業顧問，並與卡布蘭共同經營合資的 BSCol 公司。

在 2001 年出版的《策略核心組織》（*The Strategy-Focused Organization*）一書中，他們將平衡計分卡更新為「策略管理系統」，並介紹所謂「策略地圖」（strategy map）的概念。策略地圖是將平衡計分卡的四種觀點描繪在一張圖上。卡布蘭認為策略地圖是用來描述組織如何創造價值的模型。

1990 年代
顧客關係管理

1992
平衡計分卡

理」即將變成下一個最時髦的管理觀念。對顧客的關心從此變得更受重視。以顧客觀點看經營，公司必須衡量顧客對於現有產品與服務的滿意程度。衡量的指標包括顧客滿意、顧客保留率、反應率與聲譽。

> 你能描述，就能管理。
>
> *David Norton, 2001*

商業程序觀點（The business process perspective）「我們的內部效能有多高？」這是一個內省的觀點，可衡量驅動商業的關鍵程序之績效。對許多公司而言，尤其是製造業，這是再熟悉不過的景象（想像一下，拿著碼錶、計分板的工頭）。衡量指標本身隨著企業的本質而異，但可包括製造卓越與品質、新產品上市時間、存貨管理。有人認爲，商業程式觀點所要回答的問題是：「我們必須在什麼地方表現卓越？」

學習與成長觀點（The learning and growth perspective）「我們如何改變及改善？」這問題的答案提供了未來潛在的績效衡量指標，明確來說是投資於人員發展的必要性。「學習」包含的層面比「訓練」要廣（訓練是學習的一部分）。訓練時間、員工建議數量也是衡量的指標。但卡布蘭與諾頓也提出公司內部導師的觀念，以及員工之間輕鬆溝通、解決問題的作法。有人會將創新放在這個觀點上，例如增加這樣的指標：研發佔銷售比例、新產品銷售佔總銷售比例。

> 財務系統永遠像快照一樣：它們不能描述時間軸下的前因後果。它們無法將不同的資產整合成一種我能稱為「策略處方」的東西。
>
> *David Norton, 2001*

將此四種觀點的數據放在一起，就會產生平衡觀點，而不是清一色的財務觀點。衡量與策略的關連性取決於要衡量什麼，也就是量尺的問題。平衡計分卡並不止於衡量；衡量的目的在於基於這些資訊，讓管理者更能看清組織、更有效的經營、產生更佳決策。

因此卡布蘭與諾頓（由於協助企業落實平衡計分卡而獲利頗豐）認爲，平衡計分卡是管理方式也是衡量系統。他們認爲，如果無法衡量，就無法改善。從平衡計分卡所獲得的回饋可用來調整策略的執行，或者如果有必要，策略本身。

今日，平衡計分卡廣泛地被使用在大型組織、公部門、非營利機構。有人認爲，如果實施得當，平衡計分卡可以是變革的催化劑。他們認爲，績效評估本身並非目的。如古德哈特定律所言，衡量本身並不是目標；它們是分析的輔助工具。這些工具無須百分之百的準確，但作爲「現在發生何事」的指標，員工對它們應有相當程度的信賴。

03 標竿學習
Benchmarking

見賢思齊是非常合理的事情。當美國製造商發現日本廠商奪走其市場時，無不想盡辦法向日本學習。這就是標竿學習（**benchmarking**）。由於在大型公司擴展得過度，因此有些商業思想家呼籲要適可而止。

全錄（Xerox）公司是第一家實施標竿學習的大型美國企業。時間點是在1970年代晚期。彼時，全錄公司像其他公司一樣，感受到競爭的白熱化。它將企業經營的重要部分（從生產到銷售到維護）加以衡量，並和其他國內外公司互相比較。如果其他公司的某程序在某些方面表現得較好（如更快、更便宜、更有效率），全錄公司便會決定如何迎頭趕上。如此一來，全錄的績效大幅改善，也建立了口碑。同時標竿學習實務也跟著發揚光大。

標竿學習最大的成本在於時間管理。

Oxford Dictionary of Business and Management, 2006

另外一個早期有名的標竿學習實務，就是1985~90的國際汽車計畫（International Motor Vehicle Programme）。這個計畫在麻省理工學院進行，與會廠商包括美國、歐洲、日本的汽車製造商，他們共同研究何以日本廠商表現得比任何其他國家的廠商更為卓越。結論是採取現在所公認的精益生產（lean manufacturing）。

歷史大事年表

1940年代
精益生產

1951
全面品管

標竿是績效的標準。它的應用很廣，從如何提升生產率、減低不良率，到如何接電話等。在標竿學習的實務中，你要先評估你自己的績效，再與他人比較。如果他人較優秀，你就要迎頭趕上或甚至超越他。有趣的是，日本並沒有這個字，但他們卻秉持不間斷改善的精神，不遺餘力的精益求精。人們曾認爲在西方國家的商展中，如果不見一群彬彬有禮的年輕日本人振筆勤做筆記（譯註：也就是說日本廠商不參展），便覺得美中不足。

由內而外　標竿學習具有不同的形式。舉例來說，內部標竿學習可能是比較不同地區的服務部門處理保證卡的事宜。內部標竿學習可能是瞭解標竿學習如何運作的最佳方式。外部標竿學習的實施比較困難，但更具生產力。和直接的競爭者進行標竿學習可能很「微妙」，因爲競爭者通常不願意分享某些資訊。但在某些領域（如衛生和安全方面），由於競爭者顧及到整體產業的利益，所以合作意願會較高。

跨越市場　以不相關產業爲對象，從中進行標竿學習較爲簡單，通常也較爲有用。因爲他們比較可能會知無不言、言無不盡。標竿學習時，跨出自己的產業領域可以剔除許多偏見，而且在執行階段也不會碰到「此法不詳」的瓶頸。英國機場集團公司 BAA（現名希思洛機場控股公司，Heathrow Airpore Holdings Limited）就是進行跨產業標竿學習的典型實例。該公司在比較 Ascot 賽馬場、Wembley 足球場之後，發現自身的瓶頸在於「要在短時間應付大量的入境、離境旅客」。

按部就班　標竿學習方法的細節縱有不同，但大體上是遵循相同的步驟。**選擇一個標竿**。此標竿的範圍不要太廣，而且也要能做精確的定義。有一派人士認爲任何事情都可以，也應該作爲標竿，然而考慮到

黑　點

標竿學習在澳洲實施的熱烈程度不亞於其他各國。澳洲的標竿學習者特別喜歡這個故事：混凝土供應商以披薩店為標竿學習對象，來改善遞送時間。位於墨爾本的 Benchmarking Plus 顧問公司提出了對於在實施標竿學習時，什麼不該做的一些建議：

不要混淆標竿學習與參與調查 － 對產業的廠商進行調查可瞭解廠商的排名，但無法提升廠商的地位。調查可獲得有用的數據，但標竿學習可告訴我們數據背後的現象。

不要混淆標竿學習和研究 － 標竿學習所針對的是現有的程序；如果你建立一個新程序，並參考其他公司的點子，這是研究。

不要貪心 － 如果某套裝程式含一系列的任務，而整套系統包括若干個程式，不要將整個系統拿來進行標竿學習。這將曠日廢時、所費不貲，而且不容易專注。

不要低估好夥伴（學習對象）的重要性 － 仔細尋找標竿學習的夥伴，以免浪費雙方的時間。

不要忽略你的功課 － 在尋找夥伴之前，徹底瞭解自己的程序，以及要向夥伴學習什麼。

不要錯配 － 不要選擇一個與企業整體目標不搭配的課題，或者與現有計畫不合的課題。

時間、人員的成本，支持此觀點的人數並不多。基於同樣的考慮，高級主管的付出會是重要的。然後**選擇一個團隊**。有些公司喜歡由二、三人所組成的小型團隊，有些公司喜歡更多的人。不論如何，團隊領導者必須夠資深，這樣的話，他的建議容易被核准。當需要保密，而且公司自身又缺乏相關經驗的情況下，可以利用外界顧問。無論是自組團隊或是引進外界顧問，第一步就是從頭到尾**分析你自己的程序**，以瞭解標竿學習的內容。對於自認爲已瞭解自己程序的人而言，這個動作可能會產生意想不到的結果，說不定還可從中受惠。

> 模仿最佳實務會使你更有效率，但也會使你更像競爭者。
>
> *Nicolal Slggelkow, 2006*

選擇夥伴　選擇夥伴不是一蹴可幾的。最佳夥伴的尋找可能會讓人精疲力盡。**決定好衡量方法**以及衡量單位，再**蒐集資料**。資料應包括夥伴在實務、結構與程序上與本公司的差異。然後**分析結果**，說句行話，就是**決定差異所在**。

然後**計畫進行改變**，確認你能夠採用或適應的任何構想，來改善你自己的流程，並決定如何落實它們。計畫的目標應超越目前和夥伴間的差距。因爲你在下一次做比較時（事實上，你也應該如此做），夥伴本身理論上也會不斷進步。

為什麼你不應該做　雖然標竿學習模式已成爲標準實務，但也不免會有反對的聲音。反對理由之一就是浪費管理者時間；管理者應把時間放在思考公司的基本事務上。

華頓商學院管理系教授李文托（Daniel Livinthal）認爲，標竿學習固然有價值和威力，但警告在模仿其他公司的政策與實務時可能有一些危險。他指出，公司的不同功能間會相輔相成、互相支援，也就是具有互賴性。具有持續競爭優勢的公司，就是對此互賴性掌握得當的公司。（譯註：如果只向別的公司學習一、二種功能，由於功能之間有互賴性，因此得不到相輔相成的效果）。

標竿學習的隱含假設就是向外界公司採用的政策，可以獨立於公司所做的其他任何事務。但這並非如此，例如以公司的人資政策來配合其他公司的最佳管理實務，不僅對公司未必有利，且可能造成功能失調。它會破壞公司內部環環相扣的策略，也就是策略的內部一致性。

最後，標竿學習最受詬病的是：它會使得所有的公司看起來都一樣。這就是策略收斂的現象。缺乏差異化的結果，而使波特（Michael Porter）認爲毫無競爭優勢的原因。

04 藍海策略
Blue ocean strategy

創新！創新！這實在不算新觀念。每個人都知道企業夢寐以求的策略，就是創造消費者冀求的新產品，而且由本公司獨家供應。但說比做容易。你如何做到？金與毛柏尼（W. Chan Kim and Renée Mauborgne）認爲有答案。他們提出一個架構來幫助公司遠離染滿鮮血的紅色海洋，而游向平靜的、不受干擾的水域，也就是藍海。

自從波特提出競爭策略以來，大多數公司的策略均圍繞在競爭的概念上。波特所提透過差異化、成本領導以獲得競爭優勢的理論頗具說服力，因此已成爲多數企業奉行的圭臬。策略和作業標竿學習並未帶來差異化，而是乏善可陳的國際一致性。商品的供過於求、需求的停滯（甚或下降）、品牌忠誠的喪失，引發了價格戰，進而使利潤大爲縮水。這就是市場空間有限、大家擠破頭爭取的紅海（red ocean）。藍海（blue ocean）是未知的、無人爭奪的市場空間。有些公司自己創造藍海。金與毛柏尼認爲，被卡在紅海的企業也可以創造藍海。金與毛柏尼是 INSEAD 商學院的策略與國際管理教授。他們在 2004 年勾勒出藍海策略，次年出版書籍，說明如何落實藍海策略。

> 當公司在迎頭趕上競爭者的過程中，以因應的方式來擬定策略，必然失去其獨特性。
>
> *W. Chan Kim and Renée Mauborgne, 2005*

歷史大事年表

1450	1924	1965
創新	市場區隔化	公司策略

破壞性創新（Disruptive Innovation）

大受管理思想家推崇的創新，可以將其他競爭者趕出市場，最後摧毀主導產品的科技，稱為「破壞性創新」，而其編年史家就是哈佛大學教授克里斯汀生（Clayton Christensen）。

克里斯汀生在其著作《創新的兩難》（*The Innovator's Dilemma*）指出，破壞性創新有許多形式，其中之一是「低級」毀滅，也就是現有產品超出了某些特定顧客的需求。另一種產品進入了利潤不算豐厚的市場（但品質只是差強人意）。例如，早期的數位相機，其照相品質低，但便宜。以此為基礎，毀滅者（創新者）就會提高其品質，以改善其利潤。既有廠商並不會卯足全力來防衛利潤不豐厚的市場區隔，而會將焦點放在較高價值的顧客身上。這種情形會一直持續到毀滅者（創新者）滿足大多數有利可圖的市場時為止。

以大多數標準來看，「新市場」毀滅者的績效不彰，但卻具有滿足新興市場區隔的條件。Linux 作業系統符合這個敘述。許多毀滅者是相當卓越的，但是會被現有的企業所忽略（這些企業會防衛自己對舊技術的投資）。當更有效率的裝櫃技術出現時，舊金山港口仍然拒絕現代化，結果原先表現較為遜色的奧克蘭港反而後來居上。

毀滅性技術的石蕊測試方法之一，就是讓一群技術不純熟的員工，去做傳統上認為只有專家才能做的事情。但克里斯汀生認為，在顧客未被現有的產品與服務高度滿足之前，你不可能毀滅此市場。

馬戲團演員　最能將藍海策略發揚光大的企業實例是加拿大成人馬戲團——太陽馬戲團（Cirque du Soleil）。在 1984 年成立時，馬戲團行業已瀕臨垂死邊緣。兒童把時間花在電視遊樂器上，而動物保護團體都視馬戲團爲眼中釘。因此，太陽馬戲團並不打算要打敗競爭者，它不以搜尋更有名（當然也是更貴的）的小丑來吸引客戶，而是向新顧客開發新市場。顧客也樂於付出更高的代價來欣賞。自從成立以來，約有四千萬名觀衆進場觀賞表演。

採取藍海策略的其他企業還包括：Pret a Manger（以速食的速度提供高品質餐點）、Curves（以平價經營女性連鎖健身俱樂部）、JC Decaux（1960 年代透過設計街道家具進行戶外廣告宣傳）。金與毛柏尼認爲，採取藍海策略的企業不同處在於擁有稱爲「價值創新」（value innovation）的獨特策略邏輯。

專注於紅海就是接受戰爭的主要限制條件——有限的地形，以及必須擊敗競爭者才能成功的壓力。

W. Chan Kim and Renée Mauborgne, 2005

價值創新本身通常是漸增式的，而且創新本身是技術驅動的；由於太具有未來性，所以消費者一時很難接受。價值創新由於可替購買者與公司創造大幅的價值，因此常會使競爭者無用武之地。價值創新是以價值來襯托創新，並輔之以效用、價格、成本。它並不像波特的主張在差異化與低成本之間擇一，而是同時追求此二者。

航行手冊　藍海策略的形成要遵循以下四原則：

1. 重新建構市場疆域　尋找競爭者不重視的藍海，例如提供替代品的產業、使用者市場（而不是購買者或影響者）、輔助性的服務（如售後維修）、具有情緒性或功能性吸引力的東西，或預期的趨勢。

Netjets，商務噴射機的部分擁有權發明者，尋找其他市場並打破了擁有一架商務噴射機或坐頭等艙之間的取捨；家得寶（Home Depot）則以其它五金商店相比較低的價格提供專業家庭裝修諮詢。在日本，男士理髮不僅耗時、情緒化，而且昂貴。QB House 讓理髮變得功能化，快速且便宜。斯沃琪（Swatch）將其手錶從理性內涵改爲感性內涵。

2. 焦點放在大藍圖，而不是數字　金與毛柏尼提出如何繪出「策略帆布」，而不是淹沒在試算表與預算中。

3. 超越現有的需求　不要只專注於顧客，而且也要專注於非顧客。Callaway 高爾夫發現，許多人不打高爾夫的原因在於擊球太困難，因此它就設計出一個頭比較大的高爾夫球棍。

4. 策略順序要正確 以下列次序擬定策略。如果任何一題的答案是否定的，你就要重新思考。

• 購買者效用——在你的商業概念中，有沒有額外的購買者效用？效用不等同於誘人的科技。

• 價格——你的價格是否可被廣大的購買者所接受？傳統的創新在開始時價格很高，然後逐漸降低。此現象稱爲刮脂（skimming）。但在藍海中，重要的是在一開始就要知道能夠馬上吸引衆多目標購買者的價格。數量大會產生高報酬，而對購買者而言，產品價值與使用者人數息息相關。

價值創新是思考及執行策略的新方法，結果會產生藍海，也就是脫離既有競爭的新視野。

W. Chan Kim and Renée Mauborgne, 2005

• 成本——以你的策略價格，是否可達到成本目標，進而獲得利潤？

• 採用——採用藍海策略的障礙在哪裡？你是否在一開始時就重視它們？「藍海」的概念會威脅到目前現況，因此會引起員工、商業夥伴與大衆的恐懼與抗拒。要對懼怕者施以教育。

金與毛柏尼總結他們的理論，並提出執行的一些建議。不論藍海策略是否稱得上一種方法論，它是在後波特時代發人深省的重要思維。

05 波士頓矩陣
Boston matrix

波士頓矩陣是管理工具中的馬龍白蘭度（Marlon Brando）——傑出、榮耀、部署不佳，然後被淘汰，但它還是有正確的理念方向。波士頓矩陣亦稱「成長／佔有率矩陣」。根據某管理作家的說法，它是「策略史上最具威力的兩個工具之一」。

公司可利用波士頓矩陣來分析其事業組合，然後再決定適當的策略針對他們，如花錢扶植、維持不變或拋棄。波士頓矩陣有時被稱爲波士頓顧問群矩陣（Boston Consulting Group Matrix, BCG Matrix），是由波士頓顧問群的韓德森（Bruce Henderson）所發展的。韓德森與其同事也發展出另外一個有力工具——經驗曲線（參見 p.82）。

> 落水狗產品是無必要的。它們是失敗的證據，不論無法在成長階段保持領導者地位，或是未及時放棄以減少損失。
>
> *Bruce Henderson, 1970*

在數學中，矩陣是一個數字表格，用來計算出一個答案。更久以前，它是音樂行業或出版行製做黑膠唱片的套模。在波士頓矩陣中，資訊會嵌在事業的策略快照中，然後用這些快照來勾勒出未來方向。

使用此矩陣的第一步就是將公司拆解成策略事業單位（strategic business unit, SBU）。一個策略事業單位可能是一個分公司、事業部、產品或品牌，也就是

歷史大事年表

1920 分權

1965 公司策略

任何具有屬於自己的顧客、競爭者的單位。策略事業單位的地位會根據兩個變數被描繪在此矩陣上。這兩個變數分別是「市場力量」與「市場吸引力」。

橫軸表示策略事業單位的相對市場佔有率，也就是其市場佔有率佔最大競爭者的比例。如果某策略事業單位的市占率是10%，而最大競爭者的市占率是40%，則其相對市占率是20%（0.25）。如果情況顛倒，則其相對市占率是400%（4.0）。縱軸表示市場成長率。

韓德森選用此二變數的理由，在於它們能代表現金的產生與消耗。依照他的經驗曲線理論來看，伴隨相對市占率增加而來的是成本優勢，因此會增加現金的產生。成長很快的市場需要投資其產能，這表示現金的消耗。在策略事業單位的地位定位在矩陣上之後，上述的分析就會反映在策略擬定上。

在2×2方格中，某策略事業單位會被定位在四格中的其中一格，並以下列一種方式處理：

金牛（cash cows） 在成熟（低成長）市場具有高市占率的事業單位稱爲金牛。因此，它們所產生的現金應該比消耗的還多。它們要被擠出現金，並且盡可能的不要被餵養（注入現金）。這些現金可用於建立問號、支援現有的明日之星、多角化到新事業發展以及支付股東股利。

明日之星（star） 在高成長市場中，具有相對強大地位的策略事業單位被稱爲明日之星。它們會產生許多現金，但由於本身的成長，其消耗的現金也不少。因此它們必須要被投注必要的投資，以維護其相

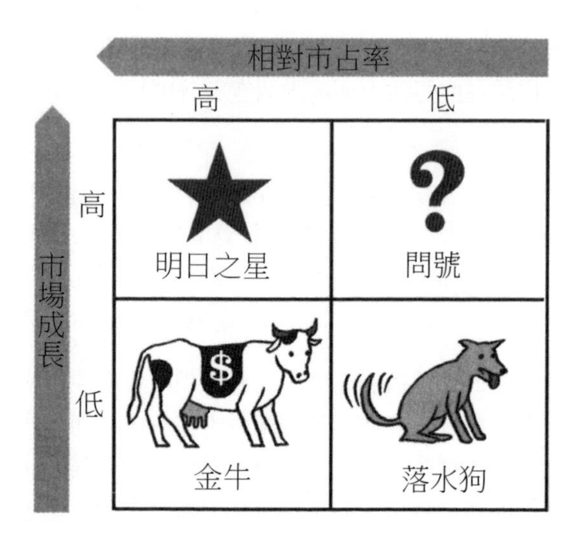

> **所**有的產品到最後都會變成金牛或落水狗。
>
> *Bruce Henderson, 1970*

對市占率。一旦市場萎縮，它們就會變成金牛。或者如果失去市占率，就會變成落水狗。

落水狗（dogs） 顧名思義，落水狗在兩個世界（兩個軸）的表現都非常差，雖然韓德森當初稱之爲「寵物」。它們在低成長（或零成長）的市場區隔中具有很弱的地位。雖然它們不太消耗現金，但是也不會產生多少現金；獲得利潤不啻緣木求魚。理論上，它們是被解散的最佳候選人，解散後所得到的現金可以用來餵養明日之星或進行多角化。但有人認爲，「留得青山在，不怕沒材燒」，假以時日，說不定落水狗會變成金牛。

問號（question marks） 問號有時被稱爲「問題兒童」（problem child），在處理上是屬於最詭譎的一種。它們在具有吸引力的、成長的市場中營運，但市占率卻很低。因此，它們在消耗現金以支援自身的成長時，本身並不產生多少現金。困難點在於決定哪一個策略事業單位值得額外的投資，以供提高市占率所需，進而將它們變成明日

更多矩陣——奇異的事業螢幕

奇異（General Electric）是採取中央集權規劃的大型公司，曾要求麥肯錫顧問公司幫它精煉波士頓矩陣，打造專屬的矩陣，內容要豐富、分析要細膩。麥肯錫顧問公司將相對市占率這個軸改為「競爭優勢」，並包括像相對品牌優勢、顧客忠誠、配銷優勢、創新紀錄及獲得財務支援這些因素。

另外一軸「市場成長」變成「市場吸引力」，包括市場規模與獲利、定價趨勢、差異化機會。波士頓的 2×2 矩陣已被奇異方格中（GE grid）的 3×3 矩陣所取代，因此「高」、「低」的相對市占率與市場成長，變成了「高」、「中」、「低」的競爭優勢與市場吸引力。

之星。

> 如果「問號」沒有獲得現金支援，它們便會落後，終究死亡。
>
> *Bruce Henderson, 1970*

1970 年代，波士頓矩陣的應用如日中天；它奠基了集權式策略規劃、商業合理化、以及多角化的企業文化。然而，石油危機加上 1970 年代中期的經濟蕭條，暴露出集權式規劃與多角化的缺點，而波士頓矩陣也受到無妄之災。

有人指出，成長率是決定市場吸引力的眾多指標之一，而相對市占率僅是競爭優勢的其中一個向度。波士頓矩陣並沒有考慮到這點。它對落水狗的處理尤其嚴厲。事實上，落水狗可以協助其他策略事業單位獲得成功，或者如果「市場」一經重新界定之後，它們便不再是落水狗。

不論如何，波士頓矩陣是觀察事業單位的稜鏡，至少它是任何策略討論的起始點。如果波士頓矩陣沒有被提出，公司會變成什麼樣也是未定之數。

【核心觀念】 落水狗、明日之星、金牛及問號

06 商業流程再造工程
BPR

商業流程再造工程（**business process reengineering, BPR**）是**1990**年代熱門的管理觀念。雖然熱潮逐漸消退，但其基本原則到現在仍然適用，尤其是應用在大型的、已定型的老式企業。

商業流程再造工程是漢默與錢皮（Michael Hammer and James Champy）於其1993年的《企業再造》（*Reengineering the Corporation*）一書中所揭櫫的觀念。漢默常說，商業流程再造工程逆轉了工業革命。他意指，在新資訊時代雖然顧客的慾望與需求不斷地在改變，但是許多公司在滿足顧客需求方面的作法，事實上並未改變。

商業流程再造工程與全面品質管理（total quality management, TQM）（參見p.188）不同。全面品質管理是以部門別爲基礎來實施，而商業流程再造工程是鳥瞰整個事業，然後再打破垂直科層，剔除沉積多年的漏洞、死角。其背後理由是：滿足顧客需求需要涉及遍佈公司各角落的流程，並重新評估所有的活動。

漢默在1990年的《再造工作：別自動化，而要徹底改造舊作法》（*Reengineering Work: don't Automate, Obliterate*）論文中立下了商業流程再造工程的基礎。此論文的重點是，對於無法增加價值的工作，與其

歷史大事年表

1911	1951	1954
科學管理	全面品質管理	目標管理

正確的方向

美國聯邦政府曾大幅度地實施商業流程再造工程。其 1996 年出版的《商業流程再造工程速成評估手冊》(*BPR Readiness Assessment Guide*) 中，告知政府有關單位，在實施商業流程再造工程時要做以下的轉變：

從	▶	到
紙張	▶	電子化
科層式	▶	網路式
權力來自於窖藏資訊	▶	權力來自於分享資訊
獨立的	▶	虛擬的、數位化的
控制導向	▶	績效導向
順應導向	▶	標竿學習導向
個人單打獨鬥	▶	專家團隊
煙囪式組織	▶	蜂窩式組織
監督政府單位	▶	輔助政府單位
反應遲緩	▶	反應快速
必須重複輸入資料	▶	資料只需輸入一次
害怕技術	▶	喜愛技術
決策制訂在高層	▶	決策制訂在顧客交易層（作業階層）

將之自動化，不如剔除它們。這個重點被當時的企業奉爲圭臬。漢默與錢皮將商業流程再造工程定義爲「從根本上重新思考、大幅重新設計商業流程，以在關鍵的、當代的績效指標上（例如成本、品質、服務、速度）獲得顯著的改善」。這些問題的背後就是常縈繞在腦中的問題：如何爲顧客增加價值。

商業流程再造工程是具有**根本性**的，因爲它會提出這樣的問題：

> 有些公司避免使用再造工程這個術語，而使用像是流程重新設計或轉換這些字。但它們的核心還是符合我們的定義。
>
> *Michael Hammer, 2003*

「爲什麼要做？」以及「爲什麼要這樣做？」人們要質疑舊有的法則與假設。商業流程再造工程是**激進**的，因爲它不顧及現有的結構和程式。再造工程不是重組，它是**戲劇**化地大規模改善而非輕微修改。許多實施商業流程再造工程的公司，是因爲碰上了嚴重的麻煩或預見未來短時間內面臨的麻煩。

流程是商業流程再造工程的核心。傳統上，組織會分成若干部門，而流程會分成許多任務貫穿在各部門之內或之間。商業流程再造工程會以「最終目的」爲指標來檢視各任務（譯註：各任務的執行成果是以它對達成最終目標的程度而定），並將焦點放在顧客需求上。

漢默與錢皮以IBM信用部門的信用核准流程爲例加以說明。平均而言，信用部門要花六天的時間來處理，有時更長達二個星期。在這種情況之下，生意怎可能不被競爭者搶去？信用核准流程涉及五個步驟。銷售人員打電話提出財務要求，總公司辦公室的作業人員會將此情況做成表單。此表單會傳到信用部門，以檢查顧客信用，並將結果記錄在表單上，然後將此表單傳給商業實務部門。商業實務部門會修改標準化的貸款契約，以符合此顧客的特殊要求，並在表單上附上一些特殊條款，然後傳給價格部門。價格部門會決定此顧客最適當的利率，並記錄在表單上，然後送交行政部門。行政部門會製作報價單，然後交給此顧客（如果此時顧客還未拂袖而去的話）。

經過多方改善，均未獲得實質進展，後來高級主管接受財務部門的要求，親自出馬檢視以上的五個步驟。經過改善之後，結果只花一小時半便可完成貸款作業。問題不在於員工做工作所花的時間，而在於程式本身的結構。

嚴密的分析會顯露出所隱含的假設：每一份申請（譯註：例如要求改變某流程）都受到重視，而且要經過專家（共四位）的評估。事實上，大多數的要求是相當標準化的，很容易由通才來處理（只要有易於使用的電腦系統加以支援）。資訊科技的使用是商業流程再造工程中的關鍵因素，但千萬不要利用資訊科技來自動化舊任務，或讓資訊部門參與任務的重新設計。

漢默與錢皮提出了商業流程再造工程的原則如下：

- 以成果為主加以組織，而非任務本身；
- 將資訊處理工作整合在真正產生資訊的工作上；
- 將地理歧散的資源整合成集中式資源（透過資訊科技的協助）；
- 將平行工作流程相連，而非只是整合其結果；
- 將決策點放在執行工作的地方；在程式中要有控制機制；
- 在來源處，完整捕捉資訊。

沒有手冊　商業流程再造工程的實施並沒有逐步遵循的手冊，然而一般的方法包括將若干工作合併成一個、讓工作者做決策、減少協商、讓顧客只有一個連繫點。阻礙商業流程再造工程成功的因素包括：

- 企圖修復一個程式，而不是改變它。
- 企圖由下而上來實現。
- 一些小成果即心滿意足。
- 太早放棄。
- 過於節省資源。
- 只專注於設。
- 在問題界定、努力範圍上受到先前事件的限制。
- 企圖使每一個人都心滿意足。

除了 IBM，在實施商業流程再造工程上獲致成功的公司還有：寶鹼公司（Procter & Gamble）、通用汽車、福特汽車。但是高達 70% 的商業流程再造工程專案，最後是以失敗收場，也許是因為上述的這些原因。自從初次打響名號以來，此理論也不免受到批

雖然再造工程的第一波基本上著重在後端交易程式，目前這一波具有更廣的範圍，跨及包羅萬象的創意工作，包括產品開發與行銷。

Michael Hammer, 2003

評，其中之一就是缺乏「人」這個向度。有人稱之爲「新泰勒主義」（參見第18點），並認爲是辭退員工的藉口。漢默事後有一點想撤回自己的主張，承認他忽略了人的價值與信念，並且堅信這些因素不應該被忽視。稍後比較不「陽剛」的商業流程再造工程版本稱爲商業流程重新設計（business process redesign）、商業流程改善（business process improvement）以及商業流程管理（business process mangement）。

【核心觀念】對商業流程全盤重新思考

筆記欄

07 品牌
Brand

蘋果正在熱鬧地舉辦跨大西洋廣告活動，它的兩個好「朋友」——Mac和PC。PC——不讓蘋果專美於前。PC好像是西裝革履的紳士，爲人彬彬有禮，但有一點像個怪胎。Mac穿著輕便，態度悠閒、酷、一副信心滿滿的樣子。你想要和誰打交道？

這個遍及全球的廣告戰啓用了一些知名的明星來代表Mac和PC。它們採取了品牌廣告的一個邏輯步驟。它們做了任何行銷者所該做的事，也就是品牌人性化。當然蘋果也不會忽略這一點。品牌已從早期的老舊行銷手法轉型，但品牌行銷的目的還是跟從前一樣，在於如何將產品印象烙印在顧客的腦中。在行銷領域中，對於品牌的明確定義並沒有一致性的看法；從原始的「品牌名稱、標記、符號」一直到像是「與某特定產品、服務或公司有關的所有經驗與價值的總和」都有。品牌並沒有固定的名單；現今任何冀望你的金錢或注意力的實體都可以建立品牌，包括人（例如瑪丹娜、瑪莎•史都華）、城市和國家。根據安禾特國家品牌索引（Anholt National Brand Index）的排名，2006年國家品牌前三名依序是英國、德國、加拿大。美國排行第十。

「品牌名稱、標記、符號」是與其包裝的商品相互輝映的；在本質上（而不是名稱上）可追溯到19世紀。根據Interbrand顧問公司的報

歷史大事年表

1886	1916	1924
品牌	多角化	市場區隔化

保護傘品牌

世界上最大的兩間品牌商品公司寶鹼以及其歐洲對手聯合利華，一直退居幕後，讓它們的產品品牌在幕前說話。然而在 2004 年，也就是聯合利華 75 週年的前一年，公司決定將公司品牌推到幕前。在次一年，新的聯合利華商標出現在它所銷售的每一個產品包裝上。

聯合利華認為，世界改變了。顧客會希望從品牌背後的公司方獲得更多，將他們的觀點帶入購買決策中。他們要信得過的品牌。新的聯合利華商標很明顯地聳立在產品後方，充分展現出「透明」、「負責任」的內涵。

揮動聯合利華的旗幟挽救了欲振乏力的產品，但此集團歷經了一個重大的品牌大清倉，將品牌組合從 1,600 個砍到剩下 400 個。每當潛在投資者從貨架上取出 Hellman 醬時，便會聯想到聯合利華。聯合利華希望在員工間產生新的「聯合利華意識」，其忠誠度要建立在對品牌的忠誠度上。寶鹼希望如法炮製嗎？不！保護傘品牌會迫使公司保持事業的一致性。但寶鹼公司希望保持其品牌的獨立性。

導，早期出名的品牌有金寶湯公司（Campbell's soup）和仍然是世界上最有價值的品牌可口可樂。廣告人湯姆生（James Water Thompson）在本世紀初出版了一本解釋商標廣告的書，受此書的影響，許多公司對符號、吉祥物、口號等有了特殊的偏好。1920 年代，收音機上市以來，口號變成了押韻動聽的廣告詞。學術界也在 1955 年開始發展這塊領域。嘉得納與李維（Burleigh Gardner and Sidney Levy）在其《產品與品牌》（*The Product and the Brand*）一書中建議道：顧客對品牌的認知比品牌本身更爲重要。他們將「顧客對品牌的認知」稱爲「品牌形象」，強調這是品牌中不可分割的一部分，它需要被創造、開發與管理。如此一來，一個新產業誕生了！

1960	1964	1970	2004
你眞正從事何種事業？	行銷 4P	公司社會責任	Web 2.0

> 先前企業所奉行的圭臬是品牌的不可被取代性。以今日標準來看，這是不夠的，應該再加上「不可抗拒性」。
>
> *Kevin Roberts, Saatchi & Saatchi* 執行長

持續銷售 品牌經理應學習到如何提升顧客對品牌的認知，他們會將產品與具有吸引力的品質（如可靠性、品質、健康、青春、豐富）連結在一起。這就是「品牌管理」，也就是認爲顧客所購買的是品牌，而不是產品。競爭產品變得越來越類似，因此如何獨樹一格是值得努力的事。在激烈的競爭中，許多品牌存活了很久。除了可口可樂、康寶濃湯（仍是世界上最大的濃湯公司）之外，亨氏蕃茄醬（Heinz Tomato Ketchup）、Bird's Custard、家樂氏玉米片（Kellogg's Corn Flakes）以及吉列刮鬍刀（Gillette Razors）都是在其市場已領先超過半個世紀的品牌。

顧客喜歡某些品牌是因爲這些品牌具有明確的承諾，以及他們可以加速顧客選擇的過程。品牌除了可幫助企業建立與維持顧客忠誠度之外，還有許多策略利益。第一（但不是最少），它可使公司提高定價；它可提高批發商與零售商的利潤，如此使得通路更爲順遂。例如在權力從製造商移轉到零售商的蔬果超市，這樣的定價策略很划算。

另外一項利益是「品牌延伸」，也就是將既有品牌的特色、名稱延伸到新產品上。YSL 將其品牌名稱延伸到許多附屬產品（如皮帶、太陽眼鏡）。香奈兒在 1920 年代也延伸品牌至其香水；Mars 延伸到霜淇淋市場；寶鹼公司的 Fairy Soap 延伸到 Fairy Liquid。

這種作法可降低推出新產品的若干風險（但不是全部風險），並且在既有的市場中創造新的市場區隔（英國航空公司的 Club Class 是一個好例子）。藉由重新提供新鮮感與差異性，品牌延伸可幫助延長產品生命週期中的成熟期，例如掌上型刮鬍刀市場、腳踏車市場。

今日，品牌顧問認爲有必要強化顧客與品牌之間的關係。可以鼓舞顧客忠誠與熱心的人際關係無疑具有很豐富的情緒意涵。所以我們現在有所謂的情緒品牌（emotional branding），也就是具有人性的品牌。情

緒品牌的顧問與作者郭柏（Mark Gobe）認爲，情緒具有銷售效果。情緒品牌向品牌提供了新的信用與個性，並緊密地連結了人們。它將購買從需求層次提升到慾望層次，例如蘋果的 iPod 即是如此。

建立品牌藍圖 品牌是一項無形資產，但具有價值。這些價值對公司的總價值有很大的貢獻，因此公司要有建立品牌價值的熱誠。有些批評者抨擊品牌的整體觀念。克蘭（Naomi Klein）在其著作《無商標》（*No Logo*）中指責品牌商不斷地灌輸我們建立品牌藍圖的思想。公司將工廠移往第三世界，其目的不在於製造產品，而是行銷理想與形象。

克蘭不是唯一對品牌執迷感到厭倦的人。迪士尼前任董事長艾斯納（Michael Eisner）認爲我們對品牌這個字使用過當，因此變得枯燥乏味、毫無想像力。過度依賴品牌、品牌價值的結果，會使公司對不熟悉的問題表現得手足無措。耐吉、殼牌石油在處理其品牌時，對於成本問題手足無措即是一例。情緒品牌非常有用，但情緒是瞬息萬變的。

> 腦袋中先有構想，然後在市場上爭取第一，這是比較好的作法。行銷不是產品之戰，而是認知之戰。
>
> *Al Ries and Jack Trout, 1993*

08 通路管理
Channel management

近年來我們常聽到「斷續改變」這個術語。它源自於災難理論，而商業思想家、經濟學家卻喜歡用它來描述量子跳躍（讓每件事看起來不一樣的急遽改變）的現象。他們也喜歡看到它最後如何促使成長，其幅度遠超過漸進改變。

上世紀最強而有力的斷續現象就是大眾運輸工具、飛機、個人電腦、達康公司（網路公司）及網際網路的出現。網際網路迫使每位事業經營者重新思考如何行銷、銷售與配銷其產品。這些問題都會歸結到通路管理這個嚴肅的課題。

配銷　通路是企業抵達市場的路徑，也是行銷4P的「地點」中的一部分。在擬定4P策略時，管理者必須決定要使用多少通路層級。管理者必須思考，公司負擔得起或需要直銷人員嗎？要透過零售商，或者批發商與零售商來配銷嗎？對於這些中間商的選擇要多嚴謹？

直銷人力必然所費不貲，但好處是公司可以充分地掌控他們。公司很難掌控批發商和零售商，因此激勵他們卯足全力銷售，需要許多通路管理的技巧。其中，使用得最為普遍，也許是最有效的誘因就是：（1）如果銷售你的產品（而不是競爭者的產品）可以獲得更大的利潤；（2）在銷售人員之間刻意造成競爭，利潤的給予同（1）。此外，向銷售人

歷史大事年表

1950	1950年代早期
供應鏈管理	通路管理

員提供訓練及提供有效銷售產品所需工具，也是有幫助的。

在垂直整合的組織內，製造商或供應商也許會有自己的零售出口，或者零售商將供應商納爲己有，並製造自己所銷售的產品（譯註：這分別是向前、向後垂直整合）。這個模式是相當僵化的，並且會產生高固定成本、迫使管理者分心，但是和前述的直銷人員一樣，完全可受到公司的掌控。

由於通路氾濫的結果，許多企業的銷售與行銷主管失去了對顧客的掌控，結果蒙受很大的財務損失。

Joseph Myers, Andrew Pickersgill and Evan Van Metre, 2004（麥肯錫顧問公司）

可用低成本來獲得掌控的配銷通路就是郵購，現在顯然是網際網路（可視爲一種進化版郵購）。就像任何科技的進展一樣，在早期總有一些零星的熱情採用者（大多數都會採取觀望的態度）。現在網際網路已成爲大多數消費品產業不可或缺的通路，至少對許多「企業對企業」（business-to-business, B2B）的公司而言，網路是有力的行銷工具。

顧客選擇 也許最重要的是，網際網路不僅是可供選擇的另一種單一通路。它的出現加速了多元通路配銷的發展，使得顧客可在購買過程的不同階段使用不同的通路。他們到商店購買產品之前，可在線上檢視貨品的供應情形。他們也可以在線上訂購，然後到商店取貨。他們可在不同的場合有不同的選擇，如電話、網際網路或親自完成交易。

在這個網路公司與傳統公司並立的世界，通路管理有一個新的意義。越來越多的顧客需要（或者因被遊說而產生需要）透過新通路（如網際網路、電話、ATM）來獲得產品與資訊，尤其是在金融服務業（較早使用新通路的一群），但銀行早先便發現它們還是需要人工作業。

通路挑戰

如果仔細地看今日的通路世界，我們會發現它與真實的情況並不完全一樣。自動化與萬維網似乎在通路管理上提供了成本與便利性的優勢，但事實上並不完全如此。

1990 年代晚期，銀行在採用機器作業時，即充分地顯示了上述的現象。銀行的策略是將人工交易移出分行，改用自動櫃員機（ATM）。使用 ATM 可降低每次交易的成本，而辦事人員更能善用時間做一些具有生產力的事情，否則只有被炒魷魚一途。更狠的作法是關閉績效不佳的分行，並出售其資產。

為了鼓勵使用 ATM，銀行減少了櫃台人員，但相對的顧客的等候線變得更長。有一家英國銀行，對於面對面的人工交易要加收一英鎊的費用。雖然如此，許多人還是堅持保持人工作業，因為他們喜歡人際接觸（銀行為此獲得了 2 千 5 百萬英鎊的額外利潤）。雖然顧客通常都透過櫃台服務，但是他們更喜歡 ATM 的便利和快速。

有些公司發現，希望使用多元通路的顧客，在富有程度及花費上比使用單一通路的顧客來得高。顧客希望更方便的購物（如在家購物）、更快速的檢索資訊。因此，多元通路已成為企業必須的策略，而不是獲得競爭優勢的來源（譯註：每家公司都提供多元通路就等於沒有優勢）。

> 撤資或關店通常是多元通路解決方案的一部分。
>
> *Corey Yulinsky, 2000*
> （麥肯錫顧問公司）

通路管理也不免產生問題，其中之一就是所謂的 3E 陷阱（3E trap），也就是一種驅使公司銷售每件產品予每個人以及遍佈每個地方（everithing to erevyone everywhere）的誘惑，但會造成公司的虧損。解決之道在於先瞭解對你而言，最有利可圖的顧客是誰（這就是通路管理與顧客關係管理具有交集的地方），然後瞭解他們喜歡使用什麼通路。

顧客關係管理要我們著重在顧客身上，向他們提供無縫的、同質的服務。如果多元通路能夠向顧客提供上述經驗，則必須把它一起列入考慮。通路管理必須建立一個互賴的、連結的、協調的系統，而不是獨立的作業程序。有些顧問稱此爲「多元通路策略」（Multichannel），以別於多重通路策略（Multiplechannel）。

拒絕放任主義 高價值顧客的偏好應引導策略的實施方式。但這並不表示組織要完全被動，讓顧客自行決定他們喜歡的通路。有些通路比其他的來得昂貴。因此，企業要瞭解通路經濟學，並引導顧客使用最適當的、最具成本效益的通路。

將顧客移向使用新通路，是一件敏感而冒險的事，所以手法必須細膩。將顧客移往新通路這件事，不僅會讓顧客感到敏感，既存的通路商也相同。如果有新的、競爭性的通路出現，零售商會感到威脅。有些企業在推出新網站或電話行銷時，會向零售商提供相當的誘因以安撫他們。

如果實施得當，多元通路會是很難模仿的差異化來源。如果在網際網路出現之前，通路管理已變得單調沉悶，現在正是恢復活力的大好時機。

09 核心能力
Core competenc

麥可•波特（**Michael Porter**）及其競爭五力分析跨越了公司的競技場，向外探索競爭藍圖。然而，漢默與普勒哈拉（**Gary Hammer and C. K. Prahalad**）認爲要在企業內部尋找「核心能力」，才是獲得競爭優勢的主要來源。他們認爲現在正是高級主管重新思考「公司」這個觀念的時候。

> 核心能力是新事業發展的生命泉源。
>
> *Gary Hammer and C. K. Prahalad, 1990*

> 未來不是將發生的事情：未來是現在正在發生的事情。
>
> *Gary Hammer and C. K. Prahalad, 1996*

漢默與普勒哈拉的看法，是因應許多大型組織的分權式企業組合策略。公司不應被視作安置獨立的策略事業單位（SBU）的組合；公司應把自身視爲「能力」的組合。這是他們在1990年《哈佛商業評論》的文章「企業的核心能力」（The core competence of the corporacion）所揭櫫的道理。

他們在撰寫此文章時的產業背景，正是西方公司穩住陣腳，對抗日本低成本、高品質進口商品的年代。現在日本競爭者一波波地以新產品攻佔新市場，進行側翼攻擊。本田（Honda）發明了四輪傳動的輕便車，而山葉（Yamaha）發明了數位鋼琴。索尼（Sony）的八釐米錄相機引起了很大的迴響。在汽車市場，日本製造商在車內嚮導系統、電子引擎管理系統方面領

歷史大事年表

1450	1920	1960
創新	分權	策略聯盟

先群雄。他們一直保持其成本與品質標準，但西方公司也在這部份迎頭趕上，所以日本製造商已不像從前佔滿競爭優勢。漢默與普勒哈拉堅持許多西方公司的問題，不在於管理不良或欠缺技術能力，而在於公司的高級主管缺乏願景，無以充分發揮其技術能力。

核心能力是你比其他任何人都做得好的地方。事實上，此理論所針對的大型公司應有世界級的水準才是。透過核心能力，企業可製造核心產品或產生「效率」。「效率」本身並非最終產品，而是許多最終產品的重要部分。例如百工家電（Black & Decker）的核心能力就是製造小型的電子馬達。電子馬達是各式各樣最終產品的核心部分，舉凡電鋸、除草機、吸塵器、自動開罐器都少不了它。佳能企業（Canon）在製造光學及精密機械上具有核心能力，因此從照相機、影印機到雷射印表機，轉型得相當成功。本田（Honda）的核心能力在引擎與動力火車的研發，這些能力使它在製造與銷售汽車、機車、耕耘機、發電機上具有優勢。3M 在「黏貼」方面是世界的佼佼者。

能力的測試　核心能力開啓了許多通往不同市場之路。當公司思考如何發揮這個能力時，他們很可能會產生創新。漢默與普勒哈拉列出了三個測試來識別核心能力：

- 它提供了接觸各式各樣市場的潛在能力；
- 它在顧客對最終產品效益的認知上，做出了很大的貢獻；
- 它很難被模仿。

製造一些平淡無奇、大家都在做的東西，即使成爲世界級的公司，也不會因此而產生競爭優勢。核心能力會對顧客價值有所貢獻（有時甚至不成比例），同時必須以相對於競爭者的角度來判斷。一定是一些競

耕耘與收穫

漢默與普勒哈拉曾對二家擁有不同策略理念電子公司做比較，並以它們對核心能力的看法為例說明（這二家電子公司具有不同的策略構想）。在1980年代早期，美國的GTE公司是IT產業的最大廠商，其事業領域涵蓋通訊、半導體、電視製造與顯示器。日本的NEC具有同樣的基礎（再加上電腦製造），但規模只是GTE的一半。

NEC期待電腦與通訊能夠合併，於是在1977年採取C&C策略。NEC認為，成功需要某些特定的能力，尤其是在半導體方面，並與100家企業結盟以快速、廉價的建立其技術。C&C委員會負責監督核心產品與能力的發展。分權化的GTE發現很難將其焦點放在核心能力上。它費了很大的功夫在確認未來的主要技術，但其業務經理（Line manage）仍然是單打獨鬥。

NEC後來成為半導體的世界級領導者，並鞏固了在電腦業的地位。在通訊產品、手機、膝上型電腦、傳真機方面獲得了亮麗的成績，並在1980年代中期超過了GTE的銷售量。GTE放棄了半導體、電視製造，而在1990年代變成一家小型電話公司。2000年，貝爾大西洋（Bell Atlantic）購併了GTE，而成立了Verizon公司。

爭者希望擁有的東西。核心能力並不表示你的研發支出必須超過競爭者。創新的日本公司之特色就是它們會形成策略聯盟，以獲得所缺乏的技術能力。核心能力也和在策略事業單位之間分擔成本無關，雖然這可能是成果之一，但絕對不是理由之一。核心能力也不表示一定要垂直整合，雖然多少可能會產生垂直整合。

能力的效益，就像金錢供應一樣，取決於其流通的速度。

Gary Hammer and C. K. Prahalad, 1990

一個企業不可能有超過5～6種核心能力。如果列出超過20種，該企業顯然沒搞清楚核心能力的定義。公司可能會在降低成本的美名下，不知不覺地喪失了核心能力。漢默與普勒哈拉看到，克萊斯勒（Chrysler）將引擎、動力火車視爲一般組件，因此將它們外包。他們發現，很難想像本田寧可放棄製造與設計，也要保有汽車的關鍵功能。他們觀察到：「外包是獲得競爭性產品的捷徑，但對人員技術培養的貢獻很少（這些技術往往是維持產品領先（product leadership）的關鍵）。」漢默與普勒哈拉將「分權」與「策略事業單位的暴政」視為核心能力的敵人。在許多由策略事業單位組成的組織中，沒有任何策略事業單位會為培養核心能力而負責。策略事業單位傾向封閉於現在，專注於今日銷售的最大化。雖然策略事業單位可能具有已建立的核心能力，但它們通常會加以窖藏，不願向其他策略事業單位「出借」才華之士以掌握新機會。如果核心能力不能被分享或確認，則策略事業單位之間的創新將不會延續。

未來的建築師 管理者的工作在於擬定全公司的「策略建構」（strategic architecture），也就是確認要培養何種能力、需要何種技術的未來地圖。核心能力應當成為公司的資源，而策略事業單位要竭力爭取核心能力，就好像累積資本資源一樣。報酬制度與事業生涯規劃要打破策略事業單位的藩籬，而關鍵員工要摒棄「只隸屬於某特定策略事業單位」的想法。有趣的是，奇異公司（GE）的傑克‧威爾許（Jack Welsh）所提出重整計畫中的要點之一，就是建立無疆界公司（boundaryless company）。

根據漢默與普勒哈拉的看法，多角化公司是一棵大樹，樹幹、樹枝是其核心產品而細小的樹枝是其事業單位（策略事業單位），而樹葉、花、果實是最終產品。培養、維護與穩定整棵大樹的根部系統就是核心能力。如果你只看樹葉，則看不到它的力量。同樣的，如果你只看競爭者的最終產品，便看不出競爭者的力道。

10 公司治理
Corporate governance

美國人最近有機會一窺高級主管的花費帳户，發現美國運通（Americen Express）的老闆可領13萬2千美元的公司車補貼費，此外還加上食物補貼費。比起公司車補貼，有些人對食物補貼感到更爲反感。因爲美國證交會已經降低揭露這些額外補貼的門檻，所以，越來越多像這樣的資訊被公諸於世。然而，主管的報酬與揭露只是「公司治理」這個逐漸增加的管理活動其中二項而已。

因爲存在代理人議題（agency problem），多年來股東一直冀望有好的公司治理。他們希望被公平對待，並希望公司舉辦公聽會，尤其是當大多數的股東不願意受「少數人」擺佈的場合。家族的派系與利益團體，會以發放不同股票的方式來給予自己更多的選舉權，例如一股甲股等於二股乙股，猜猜誰會得到甲股？股東希望知道公司內發生了什麼事情、管理當局如何花股東的錢，以及公司的計畫有多草率或周密。所以股東會不斷地要求揭露資訊。決策的最終點是董事會，因此股東對於董事會的組成，也會表露強烈的興趣，例如董事是誰、高級主管的權力是否受到拘束等。

傳統上，政府對公司治理並不熱衷，但會確保董事並未違法，而且公司沒有獨佔行爲。在英國，私有部門會對公司治理表現關心，尤其是自從BCCI及麥克斯威爾（Robert Maxwell）詐騙案之後。這些事件

歷史大事年表

1918	1938
多角化	領導

導致一系列，包括財務報告、董事報酬、非主管董事的治理與角色的調查。大多數的重要建議均被收錄在1998年的綜合法典（Combined Code）中。雖然此法典最後由政府批准，但遵行與否全屬志願。名列在倫敦證券交易所（London Stock Exchange）的公司，約有一半遵循此法典，而不遵循此法典的公司，必須在其年報中解釋原因。

> 好的公司治理應為董事會與管理當局提供誘因，以實現能滿足公司與股東利益的目標。
>
> *OECD, 2004*

更好的董事會　法典中有一項建議：董事長應「獨立」、不要從內部晉用，當然不要是前任執行長。董事長與執行長不能是同一人，以免造成權力過於集中的現象。董事會的組成要在非高級主管（他們不受高級主管的支配，比較能夠提出發人深省的問題）與高級主管（他們熟悉經營實務）之間取得平衡。報酬委員會要決定董事的報酬，而稽核委員會要管理稽核人員，只有非高級主管才能擔任此二委員會的委員。在若干個歐陸國家，法典已成爲典範。

2002年公司醜聞（如安隆、世界通訊、泰科等）的爆發，搞得美國企業灰頭土臉、美國政府蒙羞。但是美國政府的反應是快速的，毫不妥協地祭出薩班斯——奧克斯利法案（Sarbanes-Oxley Act）。這事件促成了美國公眾公司會計監督委員會（Public Company Accounting Oversight Board, PCAOB）的產生，該委員會強制規定上市公司必須成立獨立的稽核委員會，並規定執行長及財務長要認證公司的帳戶，如果帳目不實，必將鋃鐺入獄。英國的董事會多年以來偏向使用綜合法典模式，但有一些例外，例如匯豐銀行（HSBC）。在美國，我們觀察到執行長（通常也兼任董事長）一人獨大的現象仍舊常見，但權力逐漸移往董事。而且「我在你的董事會，你在我的董事會」（譯註：此為董監事

優良的治理原則

「企業的正直廉潔，是我們經濟命脈以及穩定性的核心。」擁有 30 個會員的經濟合作暨發展組織（Organization for Economic Co-operation and Development, 簡稱 OECD）如此認為。它強調好的公司治理可促使經濟成長與金融穩定。發表於 1999 年（並在 2004 年更新），OECD 優良的治理原則（OECD principle of good governance）針對政府（而不是企業）提供了指導方針。

1. **確認有效的公司治理架構** — 公司治理架構（corporate governance framework, CGF）應促使透明而有效率的市場的產生、讓公司的行為符合法規，並清楚界定管制機構的責任。

2. **股東的責任及主要所有者的功能** — CGF 應保護股東及其權利的行使。

3. **股東的公平對待** —CGF 必須確信能公平對待所有的股東，包括少數民族、外國股東。所有的股東如被妨礙權利，都有機會採取有效的矯正之道。

4. **在公司治理中，利益關係者的角色** — CGF 應確認利益關係者的權利，而這些權利是透過法律所給予或透過共同協商而獲得的；在創造財富、工作與財務健全企業的永續性上，它可鼓勵公司與利益關係者的積極合作。

5. **揭露與透明性** —CGF 必須保證及時與正確地揭露有關公司的重要資訊，包括財務情況、績效、公司的所有權與治理。

6. **董事會的責任** —CGF 必須確保公司的策略指導方針、董事會有效的監督管理，以及董事會對公司與股東的責任。

連結）的現象已逐漸式微。事實上，爲了符合法典的規定，在歐美公司願意在其他公司董事會擔任職務的執行長與董事長越來越少。在英國，董事比較傾向於接受私人公司的董事，以避開關注。

日本的改變 公司治理是美國的產物，後來也散佈到歐洲各國。在日本，當企業在因應外國投資者的壓力時，公司治理也發生了一些改變。日本的董事會一向非常龐大，而且趨於接近獨立董事。現在有些企業會聘僱一、二位外部董事，並縮小董事會規模。西方企業的想法是，小型董事會會激發嚴肅的討論；如果董事會超過一打成員，則事情會很容易被敷衍過去。

為了要使這些原則普及化，OECD 對其會員國提供了一些公司治理原則。OECD 指出，在現代好的實務會提升股價，同時可獲得更佳的信用評等（因此可負擔較低的債務）。哈佛／華頓研究顯示，具有較好公司治理的美國企業，其銷售成長較快、利潤較高。然而，大多數人均同意：優良的公司治理並沒有單一模式。即使在多國公司林立的今日世界，由於每國的法律、習慣均不相同，因此輸出一套公司治理制度是相當困難的。

執行長會聘僱他們熟悉的執行長擔任董事，以減低提出異議的可能性。

Patrick McGurn, 2007 (International Shareholder Service, ISS)

近年來，股東的權力也有改變。投資者對管理當局的影響力較以前大。顯然，投資者是不會滿足的。他們仍然認為執行長的報酬太高（儘管好的執行長能為公司帶來很高的獲利），並希望在董事的遴選上具有更多的發言權（他們認為這些董事在管理者的任用與辭退上均有決定權）。直到目前為止，管理當局不讓董事有人事任免權。

11 企業社會責任

Corporate social responsibility

經濟學家傅利曼（**Milton Friedman**）和經濟學人雜誌（***The Economist***）是唯二對公司履行社會責任採取負面的態度。**1970** 年，傅利曼說道，企業的社會責任就是增加其利潤。《經濟學人》認爲「企業社會責任」的概念是模糊而危險的看法，並出版了 **2×2** 的矩陣來說明。但即使贊同傅利曼和《經濟學人》的看法，企業最終還是應面對並接受社會責任。

《經濟學人》描繪出公司履行社會責任對利潤的效應，以及對社會福利的影響。如果公司履行社會責任能夠提高社會福利，但卻使得本身的利潤降低，這只不過是「借來的善舉」（borrowed virtue）──犧牲股東的福祉來做善事。如果公司可獲得利潤，但要犧牲社會福利，這種作法是「惡毒的」。如果二者均降低，則已到達「萬劫不復」的地步。如果公司履行社會責任能在社會福利與公司利潤上獲得雙贏，那就不是「企業社會責任」，而是好的管理。

《經濟學人》主張，企業不應企圖去做政府該做的事，反之亦然。這個觀點是很公平的。但以社會先入爲主的看法，「社會福利」等於「企業社會責任」其實是相當狹隘的代名詞；以目前的定義來看，它還包括永續發展和環境責任。

歷史大事年表

1886 品牌

1938 領導

以舊式董事會的觀點來附和《經濟學人》的論述，公司履行的社會責任就像一個乞討的缽子，由董事長所募得的資金（也許透過慈善晚會），或其夫人的捐獻來填滿。由於層出不窮的財務醜聞及環境浩劫，大衆對於公司行爲標準的要求越來越高，也相當棘手。不論管理者認爲企業社會責任是否其職責所在，他們都必須根據事實來做決策；根據史隆（Alfred P. Sloan）的看法，市場的意見就是事實。

「企業社會責任」到底是什麼？它沒有單一的定義。永續開發世界商業協會（World Business Council for Sustainable Development）對企業社會責任所下的定義是「企業在展現倫理行爲，並對經濟發展提出貢獻方面，以及在改善工人的、其家庭的、社區與廣大社會的生活品質這些方面，具有永續性的承諾」。更簡潔地說，《英國社區中的商業》（*UK Business in the Community*）的貝克（Mallen Baker）認爲，「企業社會責任」涉及公司如何管理其商業程序，以期對社會產生整體正面衝擊。

> 企業社會責任是冷酷無情的企業決策，不是因為它是好事，也不是因為我們被迫去做，而是因為它對我們的企業是有益的。
>
> *Niall Fitzerald, 2003*
> 聯合利華前執行長

歐洲與美國　企業社會責任的意義在歐洲和美國不同。歐洲的觀點比較包羅萬象，將企業社會責任視爲誠實且善解人意的行爲，並企圖積極地藉此使世界變得更好。在美國，「好的企業公民」的概念可分爲二部分。與歐洲版「企業社會責任」的觀點最爲接近的就是「企業倫理」，也就是如何支持倫理標準。企業社會責任就是慈善行爲，也就是爲了所獲得的利潤，表達感激的方式，而且也不要求回報；如果要求回報，就不算是慈善行爲。

廣義來看，企業社會責任背負許多原罪（sins）。《全球報告倡議》（*The Global Reporting Initiative*）向企業提供了遵行及匯報公司社會責任的架構；它有 32 個不同的績效指標，從顧客隱私、反競爭行爲、童工到原住民權利都有。原本已夠繁瑣的報告，再加上一些新的指標，這些負擔無疑澆熄了公司對於落實企業社會責任的熱忱。機構投資者越來越對企業社會責任這個課題保持警覺，有些投資者甚至要求公司提供履行企業社會責任的證據。在倫理上的投資顯示，它可以超越一般的標竿學習。企業社會責任對股價的影響，會使傅利曼陣營甘拜下風。

營運的執照　企業社會責任的支持者認爲，履行社會責任並不是使用原本屬於股東的金錢。他們認爲，它涉及保有營運執照。如何保有？與具有影響力的人士（如顧客、幕僚、社群大衆）保持關係。企業社會責任表示針對公司自身進行風險管理、信譽管理。有些統計數據顯示，公司履行企業社會責任對公司利潤有正面的影響，但是影響並不顯著。要證實忽略履行企業社會責任的代價是相對容易的事，因爲有太多例子顯示，由於不履行社會責任使得聲譽受到損害。被引用最多的例子是北海探勘石油平台 Brent Star；此平台已到不堪使用的地步。擁有該平台的殼牌石油認爲將之沉沒在海底是最具環保意識的選擇，也許眞是如此。但是由綠色和平組織（Greenpeace）的積極份子所領導的大衆卻不這麼想。群衆的怒吼再加上後續對殼牌石油的杯葛迫使公司退讓。有未來意識的殼牌石油以科學做靠山，但綠色和平卻以價值武裝起來，結果價值勝利了！

運動鞋巨擘耐吉仍在疲於奔命地應付由英國主導的控訴（此控訴的主要內容是耐吉在開發中國家雇用童工）。它以嚴謹的公司履行企業社會責任計畫來預先因應，其中包括聘用一位永續開發主任。在許多市場，它逐漸贏回它的名聲。在最近進行的國家別倫理品牌調查顯示，在英國的排行中，並沒有耐吉。

氣候變遷是西方市場現今關注並能造成大衆情緒波動的課題。英國

倫理，什麼倫理？

消費者不太考慮到公司的倫理。根據針對五國的調查，消費者逐漸偏好於「倫理消費主義」(ethical consumerism)。德國是最不值得推崇的國家，有 64% 的受訪者認為德國的道德敗壞。美國其次，有 55%。在英國、法國、西班牙，有一半的受訪者認為倫理在走下坡。英國的消費者對於倫理最為挑剔，而西班牙的消費者對於大肆宣揚「倫理」最具存疑性。不論如何，此調查對於最具倫理的品牌認知做了排序（其中有一、二項頗令人意外）。

英國	美國	法國	德國	西班牙
1. Co-op（包括 Co-op 銀行）	可口可樂	Danone	阿迪達	雀巢
2. 美體小舖	Kraft	阿迪達 耐吉	耐吉 Puma	美體小舖
3. 瑪莎百貨	寶僑			可口可樂
4. Traidcraft	嬌生 家樂氏 耐吉 新力	雀巢	BMW	Danone
5. Cafedirect Ecover		雷諾	Demeter gepa	Corte Ingles

最大的廣告公司預測，當企業的環保意識抬頭後，一波綠色行銷戰即將展開。它們相信消費者會懲罰缺乏綠色環保意識的企業。

> 建立聲譽要花 20 年，但只要 5 分鐘就可以毀滅它。
>
> *Warren Buffet*
> (*Berkshire Hathaway* 董事長)

明日世界（Tomorrow's world），一個支持企業社會責任的商業遊說團體擔心，企業社會責任可能會走向兩種方式。一方面，在未來企業社會責任將成爲一種價值觀的表達，企業可以自由地表示，它們只爲股東提供服務，但市場可以清楚地看到企業的立場。這就是「企業社會責任信念」。另一方面，社會壓力會迫使企業遵守，而企業也會因爲在報告中恰當地表述「遵守社會責任」而贏得掌聲。消費者肯定能分辨出是哪一個。

筆記欄

12 公司策略
Corporate strategy

策略是性感的。它是企業功能的老大，其餘企業功能包括製造、作業、行銷、財務、會計、人力資源等都臣服膝下。很多年輕的管理顧問都希望成爲策略顧問，但策略就像建築師（而目標就是客户），爾後而來的其實是類似工地監工的勞務。遠觀之，策略很性感，但近看之下，它是苛刻的繁重工作。而許多公司都誤會了策略。

如果你翻翻字典，「策略」一詞幾乎和「戰爭」的歷史一樣久，比「商業」的字義還早出現。《孫子兵法》幾乎總結了策略在軍事上的應用，但在管理上，策略的定義不會這麼簡短。詹森與薛施（Gerry Johnson and Kevan Scholes）在其《探索公司策略》（*Exploring Corporate Strategy*）一書中提到：「策略是組織長期的方向和範圍。充滿挑戰的環境下，透過資源的組合來獲得優勢，以滿足市場需求、實現利害關係人的期待。」麥可•波特的定義更簡潔、更具全方位，且從不同角度切入，他在華頓商學院（Wharton）的演講中提到：「策略就是使你獨特的東西。」

> 策略即是決勝。
>
> *Robert M. Grant, 1995*

不論定義如何，策略並不是過去多年來管理者會刻意關注的東西。管理者會思考、規劃，甚至有些人會獨樹一格，但這些只是事業經營的一部分，而且在

歷史大事年表

紀元前500年	1450	1916	1960
戰爭與策略	創新	多角化	策略聯盟

不可思議的任務

使命陳述（mission statement）是年報中的熱門裝飾品，並深受大衆所喜愛。有些使命陳述甚至到了自我妄想的地步。呆伯特網站（Dilbert.com）可隨機產生一些耳熟能詳的句子，例如「我們致力於提升與使命有關的智慧資本，並在促進個人成長之餘，充分利用毫無瑕疵的變革觸媒。」

然而，經過深思熟慮之後，使命陳述可以成為對管理者、員工有價值的試金石，讓公司的價值與文化昂然地、完美地搭配在一起。使命陳述通常合併了三件事情：

- 我們的使命 — 我們的目的；我們為何從事此事業；
- 我們的價值 — 我們的風格、我們的行事風格有哪些是保持不變的、有哪些是重要的；
- 我們的願景 — 我們的目標、在若干年後我們要變成什麼？

使命陳述並不（也不應該）創造使命與價值，而是單純地表達已存在的東西。透過腦力激盪的方式來得到使命陳述，可能會揭露出從未說清楚的內容或風格，但這些內容必須反映事實，也不能像呆伯特網站一般所產出的句子。抱負會包含在願景之中，而願景可以是目標或某種轉型。使命陳述絕不是策略。

1950 年代以前，也不會精緻化到形成「策略」。直到 1965 年，安索夫（H. Igor Ansoff）出版了《公司策略》（*Corporate Strategy*）一書，才將「策略管理」（策略的形成與執行）加以發揚光大。

決策的規則　被推崇爲策略管理之父的安索夫說道：「策略是做決策的一些規則。」很少人會對此提出異議。他將「目標」（objective）與「策略」的關係分辨清楚：「目標」設定標的（Goal），而策略能設定達成目標的途徑。他堅信「結構追隨策略」的論點（structure follows strategy）。策略決策必須回答三個基本問題：

> 政策是權變性的決策，而策略是做決策的規則。
>
> *H. Igor Ansoff, 1985*

• 企業的目標與標的爲何？

• 企業要多角化嗎？如果要，要向哪個行業進行？要多活躍？

• 企業應如何開發、活用目前的產品——市場地位？

安索夫提出了一項重要並從此使形成策略變成難題的命題：大多數決策都是在有限資源的限制下做成的。公司不論大小，策略決策都表示在若干個資源承諾間（resoures commitments）做選擇。例如，使既有企業成長而放棄多角化，或者進行多角化而放棄既有企業的成長？企業應建立一套資源分配的模式，使得達成目標的潛力達到最佳化。

安索夫在大肆闡揚策略規劃之後，幾乎所有的公司都設立了規劃部門，大張旗鼓地做其五年規劃與目標設定。隨著時間很快過去，雖然安索夫的風光不再，而他的概念也不再放諸四海皆準（「分析就是癱瘓」，他自己如此說），但後輩思想家要感謝他的地方多著呢！對不喜歡浸淫在衆多理論的人而言，安索夫的產品——市場矩陣仍然是膾炙人口的模式。（此矩陣仍然是決定如何擴張事業的有用工具）。他的四個可能的策略使用到產品與市場的不同組合：（1）市場滲透（market penetration）：這是最安全的策略，也就是以現有的產品銷售給現有的市場；（2）產品開發（product development）：向現有的顧客銷售新產品；（3）市場開發（market development）：以現有的產品銷售給新顧客；（4）多角化（diversification）：這是風險最高的策略，也就是爲新產品尋找新市場。

規劃管道 公司的策略規劃部門可能已被撤除，但策略規劃仍是不可或缺的功能，其過程如下：

• 使命陳述與目標——描述公司的願景，並界定可衡量的財務與策略目標；

• 環境偵察 —— 蒐集公司的內部與外部資訊，並分析公司、公司所在的產業與總體環境。落實五力分析與 SWOT（長處、弱點、機會、威脅）分析。

• 策略形成 —— 這是困難的部分，包括現成的競爭優勢、核心能力，以及你是否眞的從內省觀察到周遭。

• 策略執行 —— 這也是困難的部分。溝通策略，組織資源，並激勵人們。

• 評估與控制 —— 衡量實際績效，並與目標績效加以比較，進而採取矯正之道。

尋找「正確的」或「好的」策略顯然完全是另一件事，但是我們手中有許多法寶。麥可 • 波特認爲硬碰硬的競爭是不智之舉，因爲常常以兩敗俱傷收場。在硬碰硬的競爭中，沒有眞正的贏家，每個公司都希望成爲產業中「最好」的公司，但所謂「最好」也是見仁見智的事。較好的情況是根據公司在市場的獨特地位來擬定策略。

波特也不屑將股東價值訂爲公司目標，並稱股東價值爲策略的「百慕達三角」。「股東價值是一個結果，它來自於創造卓越的經濟績效。」營運效能並不是策略，而是由最佳實務所衍生的，它可能對績效有益處，但不容易維持。因爲最佳實務會很輕易地被他人模仿。

柯赫（Richard Koch）認爲公司策略的運用可能會替公司帶來虧損。半世紀以來，它替公司帶來的壞處多於好處。這並不表示策略是壞事情，而是表示策略都是由「中央」（the Centre）所擬定。大多數（雖然不是全部）的「中央」所破壞的價值比創造的還多。但是「中央」在解決財務危機、辨識轉捩點、尋找適當的購併對象並加以整合、實踐波士頓矩陣式的組合管理上厥功甚偉。此外，柯赫認爲，策略應由事業單位來擬定。

> 兵者，國之大事。（Strategy is the great work of the organization.）
>
> 孫子，公元前 500 年

【核心觀念】如何到達那裡

13 複雜性的成本
Costs of Complexity

顧客主宰一切。如果企業在過去50年學習到一點東西的話，那就是將焦點精密地放在顧客及其需求上。向他們提供創新產品，讓他們有所選擇，對吧？大體如此。這些企業理解到太多的新奇性與變化會導致複雜性的增加，而複雜性是要花成本的。

保持單純這並不是一個新觀念。它最著名的擁護者就是14世紀的英國修士奧坎（William of Occam）。他認爲最單純的解決方案通常是最好的。可惜的是，歐侃對於他的原則在獲利上的意涵卻隻字不提。最近，Bain & Company顧問公司在調查12個不同產業的75家公司後發現，「最低複雜性」的公司其營收成長速度爲其他同業的二倍。這項研究補充道：與公司規模相較，營收成長似乎與複雜性程度較有關。

> 複雜性會隨著時間而累積。
>
> *Eric Clemons, 2006*
>
> （華頓商學院）

當事業變得越複雜，成本就會越高。複雜性的增加具有不同的原因，通常與某種方式的事業擴展有關。複雜性增加的原因可能來自於創新、產品線延伸、或增加新顧客。採用新科技與技術也必定會增加複雜性。這種市場驅動的複雜性也許是值得的，但企業必須正確地分配與決定所增加的成本，以便於決定複雜性程度。企業可能會發現，擴展的效

歷史大事年表

14世紀	1897	1924
複雜性的成本	合併與購併	市場區隔化

益會低於預期，或者甚至是負數。

更多的機器時間 某顧問提到某包裝食品公司企圖透過積極的創新方案來防衛其市占率。然而，產品線上增加的東西越多，成本就越高。行銷團隊必須增加 20%，而庫存量上升。同時，在工廠裡 30% 以上的機器時間要預留給新產品。爲了抵銷這些上升的成本，公司運作更長時間以生產低規模產品，但它們在抵達客戶前就已發霉。公司透過增加複雜性所實施的創新策略，會對公司原本的成本部位產生威脅，而不會增加市場加盟的機會。

學會你的作業成本分析法（Activity-based Costing, ABC）

要真實反映複雜性成本，公司需要能夠找出它來自於哪個產品，特別是有關間接成本，例如行政和行銷。傳統會計無法應付這種情境，因為它的做法是依其材料成本和生產人力的比例，分配間接成本到各個產品。顯然地，類似的產品可能有差距甚大的成本，比如說人員花費較多時間在機台上，跑了較多行政流程，或花費較長的時間在銷售，因而增加了成本。卡布蘭和布朗斯（Robert S. Kaplan and William Bruns）在 1987 年提議「作業成本分析法」並解決了這個難題。作業成本分析法追溯成本至個別產品，而且能在服務業和製造業使用。此法能找出「成本動因」（cost drivers）並依據其涉及的活動數量和所需時間分配成本。

此外，作業成本分析法也可更精確地找出公司內帶來最高和最低利潤的客戶，並向管理層提供問題實際上的所在。作業成本分析法不遵循一般會計準則，而且也只能在公司內部使用。所以一些公司未採用作業成本分析法是因為他們覺得要分別制定兩種不同的帳本太麻煩。

除非有必要，否則不要複雜化。

William of Occam, 1285-1349

複雜性會因爲其他名目而增加。合併與購併會帶來各種複雜性。過度龐大的事業組合會使管理者分心，而忽略了核心活動。太多供應商會造成複雜性的增加，而公司包攬所有的事物（譯註：公司不進行外包作業）也會造成複雜性的增加。這些活動如加以外包，會比較有效率、有效能。繁瑣而複雜的產品設計、程序流程會增加複雜性與成本。管理層級數越多也表示複雜性越高。作家與前策略顧問柯赫認爲，在一般公司中，所有的加值成本（因加值所衍生的成本）約有一半與複雜性有關，而與複雜性有關的成本中，其中一半提供了降低成本的機會。他認爲，向複雜性宣戰可同時降低成本以及改善顧客價值。

顧問喬治與威斯頓（Michael George and Stephen Wisdom）在其 2004 年《克服事業的複雜性》（*Conquering Complexity in Your Business*）一書中提出三項簡單的箴言：

- 剔除顧客不願支付的複雜性；
- 善用顧客願意支付的複雜性；
- 極小化所提供複雜性的成本。

喬治與威斯頓提到，最普遍的情況，就是公司所提供的產品和服務比顧客眞正需要的還多。剔除一些產品和服務不僅可節省一些不必要的成本，而且也會獲得競爭優勢，他們特別點出以低成本取勝的西南航空公司（Southwest Airlines）。西南航空公司之所以在航空業獲得競爭優勢，部分原因是低成本、獨特的文化，但主要要歸功於其低複雜性。（它只選擇飛一種飛機，即波音 737 就足以說明）。相形之下，美國航空公司（American Airlines）傳統上飛 14 種飛機，並具有 14 家零件廠、14 種機具、14 套駕駛人員訓練、14 種不同的 FAA 證件這些項目沒有一項能增加顧客價值，沒有一項會讓顧客願意支付。

處理複雜性的問題不見得必須剔除它，只要確保能收取適當的費用。巴斯金•羅彬斯（Baskin Robbins，31 冰淇淋）冰淇淋有 1,000 種口味，這是相當複雜的，但是顧客願意爲這些口味負擔比較貴的價錢。喬治與威斯頓提到，克服複雜性的問題在於：(1) 在市場中提供非常低的複雜性；(2) 鎖住願意支付適當高價的顧客（高價的原因是因爲複雜性高）。

> 複雜性的成本並不能以高收費來抵銷。
>
> *Gerald Arpey, 2003*
>
> （美國航空公司執行長）

找到支撐點 格特佛里森（Mark Gottfredson）認爲，減低複雜性可提高利潤、降低成本，但不可能使成本降爲零。福特（Henry Ford）就犯了這項錯誤：他只生產黑色汽車。通用汽車則不然，它加上汽車顏色（以及複雜性），結果趕上福特成爲市場領導者——這地位到現在還沒改變。格特佛里森認爲，大多數公司均未找到其創新支撐點（innovation fulcrum）。創新支撐點就是產品和服務能夠以最低可能的複雜性成本，來完全滿足顧客需求之點。他主張，從公司產品中選擇一項，並詢問：如果只做這項產品，成本將是多少。做一些調查，瞭解顧客眞正珍視的複雜性種類，然後一項、一項加上去（只要是顧客願意支付的）。

創新支撐點應相當容易找到。將產品線加以合理化，會在零售展示上出現更多的暢銷品，進而增加銷售量。假設你的型錄中有 17,000 種產品，但你的零售商只銷售其中的 17 種，在這種情形下，你會有什麼利潤？

華頓商學院作業與資訊管理教授克理門斯（Eric Clemons）提議，要找到一個平衡點。他指出，複雜性管理與成本管理不同。複雜性管理涉及在不受成本結構的影響下，提供顧客他們眞正想要的東西。

14 顧客關係管理
Customer relationship management

在管理理論汗牛充棟的年代，有些構想在出現之後，至今仍受到很大的推崇，但有些卻被嗤之以鼻。顧客關係管理（**Customer relationship management, CRM**）受到的嘲弄卻多於推崇。

我們都有顧客關係管理的經驗，但不是好的一面。每當我們被困在電話錄音中，錄音的聲音第五次告訴你：「請選擇下列一項…… 」時，便不免抓狂。雖然如此，顧客關係管理的基本理念是相當合乎邏輯的——專注於顧客、瞭解其需求與行爲、利用你所瞭解的部分來改善關係，最後向顧客提供更多的價值。

> 顧客關係管理比軟體更有商業理念，比專案更有熱情。
>
> *Made2Manage Systems, 2006*

科技 大型企業利用科技來做這樣的事情：蒐集與儲存顧客資訊、分析資訊，並將銷售與支援性團隊加以自動化。顧客關係管理與科技的關係非常密切。一般人認爲，顧客關係管理公司就是銷售軟體的公司。當顧客關係管理專案失敗時（就好像許多大型 IT 專案常常失敗一樣），或者執行不力時，就會削弱顧客關係管理的聲譽。有些昂貴的顧客關係管理專案被取消或失敗時，經過報章雜誌大肆宣染，顧客關係管理的聲望更是跌到谷底。科技應是電影院，而不是電影本身。顧客關係管理發跡於 1990

歷史大事年表

1896	1897	1924
忠誠	80:20 原則	市場區隔

不再失敗

顧客關係管理失敗的次數多，成功的次數少。有人認為，這是因為企業不瞭解顧客關係管理。顧客關係管理並不是一個解決方案，而是企業文化。IT 公司 CGI 提出了顧客關係管理專案失敗的前十大理由：

1. 沒有策略即推出顧客關係管理計畫；
2. 顧客關係管理策略不是企業策略的一部分；
3. 顧客關係管理工具集是根據別人的成功來打造；
4. 顧客關係管理的實施沒有顧及到企業或客戶；
5. 顧客關係管理的實施沒有考慮到顧客的意見；
6. 顧客關係管理被視為 IT 專案，而不是利用科技的企業計畫；
7. 顧客關係管理的實施沒有清楚界定的指標和目標；
8. 顧客關係管理被視為僅此一次的事件；
9. 因為有顧客，所以假設自己具有顧客導向的文化；
10. 沒有由上而下的領導方式及員工參與。

CGI 對顧客關係管理所下的定義是「兼顧跨越全公司的企業程序、科技、員工與資訊，以吸引與保留有利可圖的顧客之策略方法。」

年代，彼時一般顧客的資訊變得較發達、對產品有比較多的選擇性以及較低的品牌忠誠度。銀行與保險公司首先體認到，有效管理大量顧客群的效益。

他們瞭解，吸引一位新顧客的成本，要比保有一位舊顧客的成本高出許多。對企業而言，有的顧客價值高，有的則低。這個現象合乎 80:20 原則，也就是 20% 的顧客可產生 80% 的利潤。問題是，如何知道某一顧客屬於哪一塊？

1950 年代早期

通路管理

1990 年代

顧客關係管理

科技，以「資料倉儲」與「資料採礦」的形式提出了答案。資料倉儲是資訊的蒐集與儲存方式，以便於查詢與分析。資料採礦是檢索資料倉儲內的資料，以產生某些關連性。這些資料之間的關連性可提供像是顧客生活型態、偏好、購買習慣以及對企業整體的價值。企業一旦有這些資訊之後，便可做好顧客關係管理。當然免不了要有有效的通路管理。

> 當顧客關係管理成功時，就像一個大鐵鎚，敲碎了內部圍牆。
>
> *Dick Lee, 2002*

企業可將低價值顧客轉移到低成本通路，例如電話銷售、網路，而高價值的顧客可用面對面的方式來提供服務。有關顧客的資訊，以及他們與公司不同部門的關係，都要整合在一個檔案內，因此公司內的所有部門（如營運事業部、客服、銷售與支援）都能看同樣的檔案。這表示當此顧客聯繫公司時，不論用什麼管道，公司內的任何服務人員都會「看同樣的歌譜來唱歌」。

交叉銷售 集中式的資訊也可用來確認有無交叉銷售的機會。「她曾向我們抵押貸款，讓我們對她推銷一些保險」這就是交叉銷售。更詳盡的個人資料分析，可以顯露其他的銷售機會。如果銀行知道某顧客的人壽保險單快到期了，也許可以利用此機會向他推銷投資另外一項產品（如共同基金）。追蹤顧客的生命階段與事件（會引發購買決策的事件，如生日、結婚紀念日等）可讓銀行知道何時要提供抵押貸款、大學學費或退休計畫的儲蓄方案。在未來，我們希望能看到「前瞻式顧客關係管理系統」，此系統能預告我們是否打折、何時打折，以「鎖住」交易。

金融服務業與通訊產業是最早實施顧客關係管理的產業，但其他行業也快速跟進。現在的「顧客關係管理」既是口頭禪，又是一個行業。顧客關係管理系統的主要機會，就是設計與銷售能夠連結通路、網站、客服中心、實體商店及銷售代表的系統。此系統可蒐集、分析、儲存及傳遞資料給需要的地方。

> 顧客關係管理包括企業經營的每個層面，從後端到前端到「e」(everything，每件事情)。
>
> *Linda Hershey, 2003*
>
> (*LGH* 顧問公司)

要使顧客關係管理運作，必須使用大量資料，這是早期常面對的問題。網際網路現在允許公司以離線的方式儲存資訊，網際網路科技在顧客關係管理架構中擔任更重要角色。科技帶來越來越多的彈性，增加了員工的接受度（先前，各部門員工的接受度低，成了推廣顧客關係管理的絆腳石）。

有效的顧客關係管理是全方位的企業策略。如果公司的其他部門不能實現其承諾（做好顧客關係管理的承諾），只做好通路整合又有何用？能夠在深夜時透過網路購物是很好的事，但如果交貨要花費三星期的等待時間呢？

未來　所有的科技都是昂貴的，而以顧客關係管理的成本來看，過去只有大公司才負擔得起。最近有所謂的應用服務業者進入市場，向小型企業提供顧客關係管理軟體租賃服務。這種情況使顧客關係管理市場變大了！

許多公司對顧客關係管理頗有好評，因爲它們藉此工具享受了二位數字的營收成長，而且生產力也獲得改善，滿足感也增加了。但是顧客關係管理也有不良記錄，大約有一半以上的顧客關係管理專案以失敗收場或績效低於預期。本單元列出了許多原因，其中之一就是顧客的電話被轉來轉去，最後不了了之。這種事情的成因，是當公司計畫實施顧客關係管理專案時，顧客往往是最後被考慮到的。

15 分權
Decentralization

記憶所及，通用汽車是全世界最大的汽車製造商，即使最近其龍頭寶座似乎不保。通用汽車也是全球管理思想的佼佼者，其現代企業經營的觀念被大多數企業奉爲圭臬，至少有半個世紀之久。在 20 世紀前 50 年，通用汽車所做的，直到現在仍然是大眾學習的榜樣，而其最具影響力的新點子就是分權。

管理學界有許多要感謝通用汽車的地方，先說彼得•杜拉克（Peter Drucker）好了。在史隆（Alfred P. Sloan）的領導下，通用汽車重新打造了公司和其組織結構，而在《企業的概念》（*The Concept of Corporation*）中分析通用汽車的所作所爲，以讓其他公司借鏡的正是杜拉克。稍後，史隆在《我在通用汽車的歲月》（*My Years with General Motors*）一書中也提到這些。微軟的比爾•蓋茲對這本書評論道：「如果你只想看一本有關商業的書籍，《我在通用汽車的歲月》是最好的一本。」《企業的概念》將管理看成是紀律，而史隆將管理視爲一種專業。

史隆是稀有動物，首先當老闆，後來被推崇爲管理權威。史隆在 1920 年加入通用四人高級主管團隊，後來晉升爲執行長。彼時公司遇到很大的麻煩，撇開別的不談，當時通用汽車的組織相當混亂；它是由 25 家汽車製造商與一群組件製造商組成，同時瀕臨破產的邊緣。

歷史大事年表

1920 分權

1924 市場區隔化

> 分權會提振組織士氣，因為它使得每一項作業都回歸到其基礎點，並讓執行者覺得他是組織的一份子，肩負自己的責任，並對最終成果盡一份心力。
>
> *Alfred P. Sloan, 1963*

首先，公司透過每月預測、集權式的預算控制，對花費做嚴密的控制。在通用汽車，會計與財務從來沒有被下授過。然後對汽車市場做第一次嚴密的區隔化——通用汽車裡五款汽車的每一款都是針對不同的市場區隔。最後，每一個品牌的汽車（再加上三個組件作業）都是由不同的事業單位來負責，並讓它們對其營運有相當程度的自主性。通用汽車是在商學院教的「結構追隨策略」的活生生例子。

多功能主義之後 幾乎在同時，但基於不同原因（也許因爲成長和漸增的複雜性），杜邦（DuPont）也進行事業分部化及分權化。在彼時，杜邦的結構就是商業歷史學家錢德勒（Alfred Chandler）所稱的「多功能主義」（multifunctionalism）。多功能主義是一個層級式的結構，管理責任是以功能別來區分。這是在19 世紀中葉，美國鐵路公司所發展的作法，目的在於應付其失控擴張的功能（例如旅客管理、行李管理、載貨工具管理、鐵路網路）。「直線管理」也是由美國鐵路公司所發展的。

事業部化與分權化會將責任與決策交給實際做事的人。如此可激勵管理者，並剔除了在作業單位與公司總部之間浪費時間的來來回回，而且更重要的，將策略和作業加以分離。公司的執行長們並不直接肩負作業責任，同時也不會干預他們不熟悉的事務。相反的，他們會制訂決策，不參與事業單位負責人的活動（事業單位負責人也不會參與公司整體策略的擬定）。

史隆認爲，公司最重要的功能就是資源分派。公司採用的新結構允

降溫

如果史隆我行我素的話，管理學的歷史可能大為改觀。他覺得讓杜拉克進入通用汽車公司，掌管公司事務並沒有什麼好處。但是其他的同事都投贊成票，他也只有「從善如流」。而且他也不相信杜拉克主張的「苛刻協定」這一套。結果這兩個人分別撰寫了經典之作。

通用汽車的總經理兼董事長史隆，在涉及公司事務時，顯然是位深思熟慮、目光遠大的人，同時他也是一位能接納他人、容忍他人的人。這些特色是從他與研發主任的通信中被發現的。這位研發主任認為，銅冷式引擎不需要用水來降溫，而且更便宜、更可靠，可讓通用與福特進行硬碰硬的競爭。

高級主管委員會將此專案交給事業部，但是卻未通過測試。這位研發主任非常生氣。史隆寫給他一封安慰信，還要整個高級主管委員都簽字。但這位研發主任的怒火並未平息，並揚言要辭職。史隆又寫信給他，向他解釋這是因為他們對汽車缺乏信心：「我們該做的就是讓人們看到你所看到的，只要做到這點，就沒有問題了。」雖然那具引擎現在仍放在車間，但從這些交談中充分顯示史隆的為人。

許以事業單位別來衡量投資報酬率。按照史隆的說法，如此一來「可讓通用汽車將額外的資金放在對公司整體獲益最大的地方。」

在西方的大型企業中，這種類型的分權式組織逐漸成爲規範，而這些企業充分體認到「多事業部」（也就是後來所謂的M型結構）的效率與利益。在史隆的領導下，M型公司的事業部間必須相互競爭以爭取資金，這表示每個事業部要有過去的績效與未來的計畫來證明他們值得。

分權程度不一　今日，某些公司的集權程度比較高。日本公司非常擅長員工賦能，但比較不會在分權上費神。與西方公司相較，日本公司共同制定決策的風格，即使不分權也比較不會是問題。許多石油、採礦公司將重要的技術放在中央（也就是不分權），許多決策也是一樣。

姑且不論建立團隊的趨勢，許多分權的組織仍然維持層級式結構。然而，要求變革的聲音越來越響亮。杜拉克在 1998 年的論文《管理的新典範》（*Management's New Paradigm*）中強調，管理階層數越少，表示結構越健全，就好像資訊理論的第一條法則告訴我們：「每一次的訊息傳遞會使噪音加倍，而訊息內容減半。」他認爲，企業在組織化方面，沒有一個放諸四海皆準的方式。並認爲「我們對於團隊過於推崇，好像無論什麼事，只要建立團隊就萬無一失。」他認爲，團隊成員缺乏忠誠——不論是對團隊或自己的功能主管。但是，他認爲每個人只能有一個老闆；因爲當危機來臨時，總要有個人發號施令讓大家遵守。人們要學習如何在團隊中完成一項任務，並在指揮——控制中（譯註：也就是傳統的層級結構）執行另一項任務。（譯註：這就是矩陣式組織）。杜拉克永遠採取中庸之道。

> 當情況需要時，在集權與分權之間彈性轉換的能力，就是成為今日有效管理者的要件。
>
> *Tom Malone, 2004*

擔任麻省理工學院史隆管理學院的教授，馬龍（Tom Malone）認爲，企業不斷地在進行分權化，但經由不同的管道。拜新一代 IT 之賜，許多人可在家工作或遠距辦公。這些低成本的新通訊方式，可讓許多大公司的員工有足夠的資訊，來自行做健全的決策，而不是接受「某些人」的指示（這些「某些人」還不見得比他們懂）。當人們自行做決策時，會變得比較有幹勁、有創意和有彈性。

16 多角化

Diversification

網際網路霸主亞馬遜、谷歌發展得非常快速，因此這兩間公司會比大多數的公司更早面對「下一步」的問題。時間對它們所處的企業環境來說，是罕見的重要，但只要涉及持續成長的問題，每家企業的策略考量都是一樣：擴展或多角化；建立或購買。零售商亞馬遜現在希望銷售他的線上儲存與運算能力。搜尋引擎谷歌企圖以其辦公室套裝軟體與微軟分庭抗禮。它們會成功嗎？這兩家公司採取的多角化策略絕不是安全的選擇。

多角化是經典的成長策略，而每家成功的企業在其發展的某階段都會考慮它。它最純粹的形式——新產品、新市場——是安索夫產品「市場矩陣」四種成長策略中風險最大的一種（參見 p.52），它被熱烈地拒絕的同時也被提倡。多角化策略引發了約在 1916 年的美國合併潮，並在 1960 年代、1970 年代早期（也就是公司著重規劃的年代）迎來全盛期。高級主管自視爲可管理任何事務的專業人士，而許多人所建立的「帝國」包含了許多不相關的事業。詹寧（Harold Geneen）的 ITT 公司就是這類企業集團的典型實例。ITT 公司購併了喜來登大飯店（Sheraton Hotels）、艾維斯租車公司（Avis Rent-a-Car）、哈特佛保險公司（Hartford）以及大陸烘焙公司（Continental Baking）。

歷史大事年表

1886	1916	1938
品牌	多角化	領導

自彼時以降，企業集團便不再吃香了（至少在歐洲、美國是如此），同時許多多角化公司在 1980 年代紛紛處理掉無利可圖的非核心事業。許多企業集團不是被接管，就是宣告破產，或者二者都有。1990 年代，鐘擺又開始擺動（譯註：即企業開始擴展、購併），但是還未到 ITT 那樣的程度。企業的胃口大多是「往相關行業進行多角化」，以獲得某種程度的市場或企業綜效。

代理的報酬

企業的股東（所有者）、董事及管理當局（受聘用者）所希望的東西並不見得相同。他們之間習以為常的緊張關係可以概括為理論學家所稱的「代理問題」(agency problem)。代理問題會產生代理成本。

股東最惱怒的就是代理者（管理當局）對企業的瞭解遠超過他們，而管理當局常追求自己的目標，例如追求成長而犧牲利潤。成長表示更大的版圖、更高的地位、老闆可獲得更高的報酬，而升遷在望。為了使管理當局的利益能符合他們自己的利益，股東會向管理當局付出高報酬，並且給予他們「未來的財富」── 股票選擇權（成本）。股東也可以開除管理當局（當然這有點難度），或者拋售股票、放話公司將被接管，而且被接管後管理者將被開除等。

股東與證交所和權力當局連成一氣，盡可能地擠出公司的資訊。管理者必須定期向股東提報，再加上每位股東對股價的敏感，會產生另外一項成本 ─ 短期導向主義（short-termism），也就是管理當局努力提高短期股價，而不必然是公司的長期利益。債券持有者會讓企業產生另外一種成本。由於借錢給公司，他們就會以這種身份來干預公司的活動與績效。

股東的肌肉　多角化企業集團之所以沒落的一個原因，是 1980 年代股東重新「伸縮其肌肉」。在許多場合中，股東覺得購併式多角化是因爲管理當局受到規模、管理上的自尊心影響，而不是因爲增加利潤的慾望。由於大多數的企業合併，最後都以虧損收場，所以股東的感覺是合理的。他們能夠讓管理者捲鋪蓋走路，或者出售股票使股價大跌，讓掠食者乘虛而入。1988年，納貝斯克集團公司（RJR Nabisco，是雷諾煙草控股公司的母公司）被槓桿收購及接管，無疑對管理當局投下了震撼彈，從此以後管理者的行爲變得更爲謹慎和收斂。

角化是公司的雷區。

Robert M. Grant, 1995

支持多角化的另一個理由，是它可分散風險。它的論點是這樣的：在若干個不相關產業發展，而每個產業處於商業循環不同階段的某廠商，其在不同產業的營收波動性會較小。但是股東也不同意這種論點，比起企業集團，股東認爲他們能做到更分散的投資策略，所以他們喜歡投資在那些專注本業的公司。

較少風險　在這個後企業集團的時代，對多角化的界定比較寬鬆，它包含了將新產品導入到現有市場，或將現有產品導入到新市場。記住：多角化可以用建立的方式，也可以用購買的方式。股東認爲購買的方式比較不具風險，而且只要被說服動機純正即可。最普遍的動機之一就是範疇經濟，也就是若干個產品可分享同樣的資源，例如行銷、配銷、研發，甚至品牌名稱。另外一個動機，就是將核心技術延伸到相關的市場區隔，就像生產盥洗用品的吉列，或者多角化到食品業的成衣製造商——馬莎百貨（Mark & Spencer）的作法一樣。

有人認爲，地理上的擴張會比產業多角化更吸引人。地理上的擴張可帶來規模經濟（大量製造同樣產品會降低單位成本），並使公司更有效率地使用其行銷資源。多國公司比國內公司更具有彈性，因爲多國公司可以將生產活動自由移動到原料價格、勞工成本較爲便宜的地方。這種地理上的擴張也有節稅的好處，也就是將利潤或稅務損失移到最能節稅的地方。多角化的第一個原則是：除非原始企業已站穩腳步，否則連想都不要想。多角化會消耗企業的時間、金錢及專注力。

新市場會比現有市場提供更高的獲利遠景嗎？如果不是，你最好就在現有市場提升你的市占率。但是現有市場有可能已經成熟或衰退，同時也沒有任何成長潛力。在這種情況下，多角化也許是有利的防衛策略。但是進入成本呢？你能負擔得起嗎？最後，你能夠在其他公司已經卡位的市場中擁有或建立競爭優勢嗎？

在多角化策略的運用上，雖然失敗的案例多於成功的案例，但也不乏許多進入新市場而成功的案例，通常是沿用既有品牌（譯註：這就是品牌延伸策略）。維珍（Virgin）使 ITT 看起來像是集中式的公司。維珍開始時是一家唱片公司，後來擴展到航空、飲料、第四台電視、手機金融服務、健身俱樂部及婚紗禮服。佳能（Canon）從照相機製造商一躍成爲辦公室設備製造商。

> 所有好的多角化都可以建立核心事業的競爭優勢。
>
> *Tom Malone, 2004*

亞馬遜與谷歌的多角化策略是否爲智慧之舉是見仁見智的事。有人認爲，亞馬遜的下一步應走向某種形式的零售業，而不是電腦服務業。也有人認爲，不論谷歌的軟體未來能走到何處，它已經在體驗「贏者的詛咒」（winner's curse，它付出昂貴的代價才贏下 YouTube 的合併案）。不論這些道路會帶領它們到綠油油的草原或蠻荒，這兩個公司的多角化策略都會成爲商學院好幾年的必讀教材。

17 80:20原則

企業，就像生活一樣，用你信得過的幾個基本原則，就很容易管理好。管理理論學家曾費盡心血，企圖找出這些放諸四海皆準並能萬試萬靈的原則，但是常常事與願違。你一旦離開由物理定律、統計法則掛帥的工廠，事情就變得不可預測（譯註：適用於工廠的原則，不見得適用於其他的地方）。因此管理者可利用 **80:20** 原則是令人鬆一口氣的事，況且此原則是幾乎可靠的。

80:20 原則說明 20% 的原因會造成 80% 的結果。因此你所獲得的 80% 是因爲你所投入的 20% 努力，反之亦然。就是這麼簡單，但卻是言簡意賅，對管理和對生活的意涵都是一樣。

80:20 原則起源於柏拉圖原則（Pareto Principle），它是由義大利經濟學家與社會學家柏拉圖（Vilfredo Pareto）於 1897 年所發現的。柏拉圖在研究英國的財富型態時，發現 20% 的人擁有 80% 的金錢。深入調查後，他發現每個被觀察的地方（不同的國家、不同的地點）都有同樣的比例。自此之後就不了了之，沒有人表現出一絲關注。直到二戰之後，才有兩位美國研究者——語言學家與工程師——才再度發掘出柏拉圖的發現。

這位語言學家就是吉夫（George Zipf），他重申在 1949 年他稱此爲「最少努力原則」（Principle of Least Effort）。這說明資源會自動安

歷史大事年表

14 世紀
複雜性的成本

1896
忠誠

排以使工作最小化，因此 20%-30% 的資源可貢獻 70%-80% 的活動成果。另外一位就是工程師，朱倫（Joseph M. Juran）。他將柏拉圖的名字加在此原則上，雖然他有時候稱此原則爲「關鍵少數原則」（Rule of the Vital Few）。「如果以頻率來排列瑕疵時，相對少的瑕疵會造成絕大多數的不良後果。」他並將此觀察結果應用到統計品質控制上，而且獲得很大的迴響。

美國產業界並不熱衷於朱倫的理論。然而在 1953 年他在日本演講時受到了竭誠的歡迎，主辦單位並邀請他待在日本，他答應了。不多久，他與戴明（W. Edwards Deming）共同將日本劣質的製造水準提升爲世界級的品質。在商業史上最大的諷刺之一，就是在自己國內受到冷落的美國人，反而在日本嶄露頭角。他們向日本產業界提供必要的專業知識來反制美國的製造業，而美國製造業反過頭來被迫向日本取經。

如果我用另一種研究方向，我肯定會稱它為朱倫原則。

Joseph M. Juran

可預測性 與數學家討論 80:20 原則是毫無意義的，因爲他們會以很多「假如」、「但是」來挑戰你。80:20 原則並沒有數學上的精確性，而此原則可能是 70:30 或 90:10。管理學作家柯赫（Richard Koch）在其可讀性極高的《80/20 原則》一書中說到：「它是在宇宙中可預測的不平衡性。」

以犯罪業爲例，20% 的罪犯犯了 80% 的罪刑。意外事件的統計資料顯示，20% 的駕駛造成了 80% 的交通事故。即使在婚姻裡，20% 的已婚夫婦中會有 80% 的離婚（此數據顯然隱藏了高比例的多重結婚和離婚現象）。

在朱倫向求知若渴的日本人解釋此概念時，IBM 是第一家應用柏拉圖原則的美國公司，雖然不是用來減少不良品。1960 年代早期，IBM 發現到，80% 的電腦時間用在處理 20% 的指令上。然後它很快地改寫指令，使得最常用的這 20% 指令變得更容易檢索和使用。結果呢？IBM 的電腦比競爭者的更快、更有效率，至少對大多數的應用層面而言。後起之秀如蘋果與微軟也沒有忽視 IBM 的經驗。

如果你用 20% 的努力就可產生 80% 的成果，企業也可以。企業非常希望藉由此原則而受益，例如以最少可能的努力來獲得最大可能的銷售。

柯赫所稱的「80:20 競爭原則」指出，在任何市場經過一段時間之後，80% 的市場將會由 20% 或更少的供應商所提供，雖然在眞實世界，這種均衡現象很難長久維持。有些廠商會進入此市場，以新產品或調整過後的舊產品來干擾這個均衡。但如果廠商進行創新，或在更多

通用汽車開啓了日本的品質革命

在日本公司卓越的品質攻勢下，通用汽車的損失非常大。但它們有可能是不自覺地促成這種局面？品質大師朱倫（他用柏拉圖式的品質理念解決了日本的品質問題）在 1930 年代拜訪通用汽車，並與其工程師交換意見。為了好玩，這些工程師拼湊出一套加密系統，並挑戰朱倫，要他解密這些被加密的訊息。結果朱倫解密成功，以下是他的描述：

這個解不開的密碼被我解開，他們都大吃一驚。結果整個拜訪過程，我都像戴著奇蹟之男的光環，受到歡迎。附帶一提的是，有一扇秘密之門為我打開。這就是第一次引我進入柏拉圖殿堂的門。開門的是負責通用汽車高級主管薪資計畫的海爾先生（Mr. Merle Hale）。

他向我展示他所進行的一項研究，也就是比較高級主管的薪資型式與柏拉圖所建構的數學模式，結果此二者非常相似。我將此事件深深地記入腦中，並記住柏拉圖對不公平的財富分配曾做過深入的研究，並利用所建構的數學模式來量化這個不當分配的情形。

十餘年之後，朱倫把所有的想法串在一起，然後就飛往日本……。

的市場區隔間競爭，則柏拉圖原則會顯現在公司內部——80% 的營運利潤會由 20% 的市場區隔、20% 的顧客、20% 的產品所創造。尤有甚者，80% 的營運利潤是由 20% 的員工所創造。

其中一個意涵就是公司必須藉由僅專注於這些已經使公司賺取最多利潤的市場和顧客來獲利。因爲它們可向公司的 20%（人員、廠房、銷售團隊或地區），提供更多的能量和資源——以產生 80% 的盈餘。同時公司可以剔除或改善自身剩下的 80% 部分。

柯赫警告道，對 80:20 原則不要做過於嚴格的詮釋。他以書的交易爲例，在大多數書店中，20% 的書籍可帶來 80% 的銷售。書店要拋棄剩下 80% 的書嗎？不！因爲逛書店的人希望看到各式各樣的書籍，即使並不買。如果你縮小書籍種類的範圍，顧客就會光顧別家書店。柯赫建議道，由於 20% 的顧客會帶來 80% 的利潤，所以要給他們所要的東西。柏拉圖原則仍然適用。

> **80**:20 原則可以應用到任何產業、任何組織、任何功能及工作。
>
> *Richard Koch, 1997*

18 賦能
Empowerment

當代的商業實務起始於「科學管理」，這是與賦能截然不同的理念。在此之前，每位熟練的工人都是以其獨特的方式來完成工作。科學管理之父泰勒（**Frederick W. Taylor**）提出了執行任務時「放諸四海皆準」的原則（他對於每項任務都加以衡量、計時，以期做到盡善盡美）。賦能不是泰勒主義的概念，雖然他曾創發過一個自我表達的小出口——建議箱。

在工作職場中，賦能的歷史並不長。1977年，肯特（Rosabeth Moss Kanter）在其《公司裡的男性與女性》（*Men and Women of the Corporation*）一書中也沒有談到很多賦能的觀點（這本書的主要目的，在於討論大型組織中女性的權力與角色）。但這本書主張給予員工某種程度的工作自由裁決權（這是賦能的合理定義），把他們從嚴厲的科層中解放出來。今日許多研究顯示，以對待成人般對待部屬，會使他們更積極主動、更有幹勁、更有參與感。

參與感高的員工對公司有較強的情感。他們比較會以公司爲榮，比較會投入時間與精力協助公司成功，也比較會對問題提出創新的點子與解決方案。肯特以某一家製造繁複織布的紡織工廠爲例說明，在生產過程中，紗線的斷裂是一個長久的問題，這不僅增加成本，也代表著一項競爭劣勢。某位新任的高級主管認爲，向所有員工開放徵求點子和創

歷史大事年表

1911 賦能 科學管理

1938 領導

意，是一個好方法，因此主持會議來討論變革的需要。某位資深員工試探性地提出了一個防止斷裂的點子，結果證實爲有效。當那名員工被問到有這個點子多久了，他回答道：「32 年。」。

「這只是工作而已」 做爲團隊的一員，達成共同的目標會是更具激勵作用的方式。西方公司從日本學了不少東西，例如改善團隊（Kaizen team，一種經營管理法，注重聽取員工的意見並以此爲依據逐步完善生產）。1999 年，蓋洛普（Gallup）調查顯示，參與度高的員工會替公司提升各種利益——更有生產力、替公司帶來利潤與更加的顧客導向。他們比較不會發生意外，也比較不可能跳槽。但是有些員工直率地說「不喜歡參與」，認爲「這只是工作而已」。批評者認爲賦能是一場騙局，因爲它會從員工身上壓榨出更多的東西，但又不賦予他們實際的權力。比較持平的看法顯然是，一個願意授權給員工的工作環境比較會產生正面的（有時是意想不到的）結果。

> 規模太大是人們在工作上常碰到的兩難。
>
> *Rosabeth Moss Kanter, 1972*

員工參與的 10C

如果書籍出版商、洗髮精製造商重視包裝與銷售的關係，管理思想家為什麼不可以？西安大略大學的教授賽茲與克林（Gerald Seijts and Dan Crim）認為，參與感高的員工會帶來競爭優勢。他們提出了員工參與的 10C：

1. **連結（connect）**— 領導者必須表露他們重視員工。員工參與是一種員工感覺到他們與老闆之間的關係的直接反應。

2. **職涯（career）**— 領導者必須提供具有挑戰性的、有意義的工作，以及在職業生涯中的升遷機會。大多數的人喜歡做新鮮的工作。

3. **清晰（clarity）**— 領導者必須清楚地

1951 全面品管

1960 X 理論、Y 理論（及 Z 理論）

1990 學習型組織

傳遞願景。員工希望知道高級主管對組織的規劃，以及對事業部、部門、單位或團隊所設定的目標。

4. **傳遞**（**convey**）—領導者必須清楚表達對員工的期望，並對他們運作的情形提供回饋。

5. **恭賀**（**congratulate**）—出類拔萃的領導者會賞識部屬，並時常給予肯定。員工常說，只要績效不彰，就會馬上得到回饋；但表現良好時，卻不常得到賞識。

6. **貢獻**（**contribute**）—員工希望知道他們的投入是有價值的，而且他們會以有意義的方式替組織的成功盡一份心力。

7. **控制**（**control**）—員工很重視對工作流程和速度的控制，而領導者能夠替員工創造這種控制的機會。

8. **合作**（**collaborate**）—研究顯示，當員工以團隊的形式工作，並得到其他成員的信任和合作時，他們的績效會高於個人，以及那些缺乏良好關係的團隊。

9. **可信**（**credibility**）—管理者必須竭力維護公司的名聲，並展現高倫理標準。員工希望以工作、績效及組織為榮。

10. **信心**（**confidence**）—好的領導者會以高倫理與績效標準做為典範，並協助建立大眾對公司的信心。

如果未能產生任何結果，這可能不是因爲賦能的緣故。管理者常常口惠而實不至，認爲賦能是一個噱頭，而不腳踏實地去做。他們甚至不瞭解賦能的眞正意義。猜疑員工的決定、密切監視，甚至是缺乏監督都使主管看起來興趣缺缺，反而造成員工士氣低落。與其只是問員工對工作的看法，不如讓他們實際去做到。

最近的研究顯示，對工作與職務重要性的認知對忠誠度、顧客服務的影響，遠超過其他因素的綜合。員工想要清楚地知道他們被期待的是什麼，並且有必要的資源去落實。管理者必須建立基本的規則：（1）賦能的範圍，使員工不至於迷失；（2）支配性的政策與原則。員工必須知道要向誰負責，用什麼方式負責，以及成敗的結果：升遷、紅利、拍背或炒魷魚（有時拍背比紅利更有價值）。這些指導方針一經界定之後，就要讓員工決定最佳的工作方法和手段。

> 如果我們熱愛自己的工作，就不會被期盼報酬的希望或害怕處罰的恐懼所羈絆。
>
> *Warren G. Bennis, 1993*

領導效應　賦能顯然是領導的功能。組織內由上而下，權力逐漸變小。如果管理者覺得其權力受到威脅或被縮減，他們通常會盡可能地從他人處奪權。肯特觀察到，權力的兩面（得到與給予權力）是息息相關的。領導專家班尼斯（Warren Bennis）將賦能描述為「領導的集體效應」。他認為，只要有好的領導者，就會出現各種方式的賦能。其中一種是：人們感覺得到自己的重要性——他們對組織的成功做了特殊的貢獻。雖然貢獻不大，但是極有意義。他們也重視個人發展與工作技能的學習和能力培養，就像好的領導者一樣。

班尼斯認為，賦能與領導可創造社群意識，即使在互不喜歡的人群中也是一樣。他指出阿姆斯壯（Neil Armstrong）（與其阿波羅團隊，此團隊執行高度複雜的互賴任務，終於登陸月球），並提到：「在有女性太空人之前，這些男性太空人稱此感覺為『兄弟之情』……我認為應重新命名為『家族』。」他也認為，在有賦能的地方，工作會變得令人振奮和興奮，也變得更有趣。員工會樂在工作，做工作不是因為必須做，而是因為喜歡做。班尼斯認為，在組織領導中，「拉」員工，而不是「推」員工來達成目標是重要的。拉是以吸引員工、讓員工充電來努力實現令人興奮的願景的一套影響方式。它是透過認同，而不是藉由報酬或處罰來激勵人們。

【核心觀念】讓人們以他們的方式來做事

19 企業家精神
Entrepreneurship

創業家滿腦子都是點子。他們勇於冒險、幹勁十足、精力充沛、思想靈活、士氣高昂。大型企業顧名思義，是很龐大的，它的第一個本能就是保護自己，因此它會小心翼翼、行事保守。它的反應遲緩，並且很快地封殺大膽的點子。在這種環境之下，你如何具有創業家精神？這並不容易，但有一個答案：「公司企業家精神」（**corporate entrepreneurship**）。

1911年，熊彼得（Joseph Schumpeter）大大地讚揚企業家精神。大型公司爲什麼越來越有企業家精神？最具有說服力的原因是，它要趕在任何公司前面掌握市場機會，要不然他們可以親口告訴你慢半拍的可怕結局。嬌生公司在心臟支架市場曾擁有超過90%的市占率，但當競爭者得到下一代支架的許可證時，嬌生公司的反應似嫌遲緩，等到眞正做出應對方案時，其市占率已跌到8%。當IBM告訴一些德國工程師停止設計那些可連結組織內各程序的軟體時，他們憤而離職並自行創業。新公司叫SAP，其業績已達數十億美元。

大型公司常出現在多個市場，因此必須張大每隻眼睛觀察。某些專注在部分市場潛在競爭者會想盡辦法，使你的顧客解決方案變得老舊過時。公司必須培養創新技術，否則成長機會必定拱手讓給行動敏捷的競爭者。

歷史大事年表

1450	1911
創新	創業家精神

買下它們的一部分股份 創業家精神有許多形式，最有效的形式（如此正確地執行）是公司風險性投資（corporate venturing）。這種形式在成長快速的行業（如高科技、藥品）非常受歡迎。在這種行業中，腦力是最大的進入成本，而小型公司可相對容易地以新產品來挑戰大企業。如果競爭者看起來太有威脅性，企業可買下它們的部分股份，並共創未來。在純粹的公司風險性投資中，公司對擁有技術的小公司買下少量股份，當然也有非權益型的聯盟這種變型。

比較敏銳的公司，會投資於創投公司（venture capital firm）以建立合夥關係，因爲後者深諳經營之道。至少有一半的這種投資，是以失敗收場，所以跟老手合作是件益事。但是半導體製造商英特爾，透過其從事風險性投資的子公司英特爾資本公司（Intel Capital），在這個領域做得非常成功。自從 1991 年以來，它在一千家公司的投資額超過 40 億美元，在這一千家公司中有 310 家被出售，或在證交所上市。諾基亞也是一個積極的公司風險性投資者。BT 以專屬的早產兒保育器起家，但在學習到教訓後，將大部分股份賣給創投。

內部創業家（intrapreneurship）是平卓（Gifford Pinchot）於 1985 年的著作《內部創業》（*Intrapreneuring*）所推廣的術語。內部創業家的定義是「爲了公司的整體利益，你在大公司的行爲好像是創業家一樣」。在大多數的組織中，你不是夢想家，就是實踐家。根據平卓的說法，內部創業家是實踐的夢想家。他們有好的點子，但是這些點子在公司中不是被擱置，就是被否決。無奈之下，這些人只有離開公司自行創業，但公司怕造成新的競爭者，把他們留在公司讓他們實踐創業夢想。反對者認爲，企業投資的內部

> 內部創業家因為常在該等待時反而採取行動，所以常會碰到麻煩。
>
> *Gifford Pinchot, 1987*

把市場帶進來

數年前，惠普打造了一座交易平台，給數十位產品與財務經理每人 50 美元，讓他們打賭本月的電腦銷售額是多少。如果他們認為在 1 億 9 千萬美元到 1 億 9 千 5 百萬美元之間，就可以買張證券，就好像期貨一樣。如果日後改變主意，也可以把它賣掉。當交易停止時，最高的銷售預測顯然就是「市場」認為最可能的數字。當真正的數字揭曉時，管理者的預測比實際高出了 13%，而「市場」則是比實際低出 6%。之後的測試中，75%「市場」的預測準確過管理者的預測。這些「交易員」得以保有所有交易收益，如果銷售預測正確的話，再加上每張證券額外 1 塊錢的獎金。一些部門之後整合這項活動並納入定期預測流程。

禮來（Eli Lilly）製造許多種藥品，但絕大比例是失敗的。為了要增加成功的機會，它派 50 名員工進行市場拍賣。藉著買賣各藥品的「股票」，他們正確地確認了三種成功的藥品。有些員工承認，他們的在公司內模擬的交易行為（賣出沒有信心的藥品）才是真正的行為，雖然他們不會公開承認。

創業只不過是個虛僞的替代品，因爲那其實是管理層在策略層級上應做的事。

「把市場帶進來」的第三種方式，就是在公司內實施買賣機制，以使交易、資訊分享甚至預測變得更爲有效率。這就是破產的安隆的作法。以安隆做例子似乎是壞示範，但該譴責的是安隆，不是這個觀念。公司以內部市場的形式運作已行之有年，例如某一部門「銷售」某東西給另一部門。例如當英國石油公司（British Petroleum, BP）希望減少溫室氣體排放時，它讓每一事業單位有權利排放一噸的二氧化碳，並建立一套電子交易系統，讓他們自由出售權利（譯註：如果你的排放量超過一噸，你就要向其他事業單位購買排放權利）。結果公司比預期的日期快了 9 年達到減碳目標。其他有趣的內部市場交易包括更正確的銷售預測、融資計畫與用人專案。

如果英國石油公司還在市場中打滾，它一定已使用第四個，也就是最後一個技術── 創業家轉型（entrepreneurial transformation）。這涉及重新建構整個組織及文化，以讓員工，尤其是事業單位主管，感覺更像是創業家，或在行為舉止上更像創業家。

每家公司都要有創業家精神，但要理解如果過度，就會削弱自己的力量。

Julian Birkinshaw, 2003

簽定契約 伯肯修（Julian Birkinshaw）是倫敦商學院的策略與國際管理專家，在深入研究英國石油公司的轉型後結論道，其核心精神是一種將獲得成果的責任下授到組織基層的管理哲學。在高級主管與事業單位主管之間建立「契約」（contract），在某些限制條件之下，事業單位主管可用自己認為合適的方式來自由運作。這些限制條件由中央來設定（中央也會提供各種形式的支援）。結果會產生具有四個要件的模式：

1. 方向（direction）一包括公司策略、公司目標、所競爭的市場、市場定位，這包括英國石油公司的承諾：「成為善事的推手」。
2. 空間（space）一確認事業單位主管在履行「契約」時所需的自由度，並確保他們不受到經常性的干擾、嚴密的監督，並有時間進行實驗、優化其構想。
3. 界限（boundaries）一公司營運的法律、規範與道德限制；可能是以文件或法典的形式，或是心照不宣的默契。
4. 支援（support）一資訊系統、知識分享計畫、訓練與發展、工作／生活平衡服務── 全由公司提供，以協助事業單位主管善盡職責。

20 經驗曲線
Experience curve

經驗曲線告訴我們，你做某件事越多，所花費的成本就越低。假如你要以比競爭者還低的成本，來創造市占率（也就是成本領導策略），上述的論點有著重要的意涵。

經驗曲線理論不同於規模經濟，雖然涉及的都是規模。經驗曲線源自於學習曲線。萊特（T. P. Wright）在研究美國航空業後，於1930年代首度提出學習曲線的理論。他觀察到，每當飛機的生產加倍時，製造飛機的人工一小時會以固定比例（他的研究是10-15%）降低。

此比例隨著產業的不同而異，最高可達30%左右，但此比例大多是相當固定的。例如10%。如果你要製造1,000單位的某特定產品，而每一單位的製造時間是1小時，則累積生產2,000單位時，每單位製造時間變成54分鐘。累積製造4,000單位時，將降到48.6分鐘；累積8,000單位，43.7分鐘，以此類推。

經驗曲線理論是有道理的，尤其是考慮到萊特所研究的是勞力密集的生產線。隨著時間，產量變得越來越多，工人會變得更有信心，雙手也變得更靈活。他們搔頭犯錯的時間會減少，而且學習到怎麼做才做得快。管理者的情形也是一樣。

歷史大事年表

1964 行銷4P

1966 經驗曲線

韓德森（Bruce Henderson, 1915-92）

韓德森曾經做過聖經銷售員，後來成為機械工程師，你可以說他做為一名管理顧問是綽綽有餘。歷史並未記載他的聖經銷售有多成功（他的父親擁有印刷公司），但他是當代最有創意的顧問。

韓德森在哈佛商學院畢業前三個月毅然放棄學業，並投效於西屋公司（Westinghouse Corporation）。他是公司史上最年輕的副總經理，因此得到《時代雜誌》的關注。1963 年，波士頓儲蓄存款與信託公司（Boston Safe Deposit & Trust Company）要他替銀行建立一家顧問公司。結果他成立了波士頓顧問群（Boston Consulting Group, BCG），第一個月的收入是 500 美元。

1966 年，BCG 有 18 名顧問，並在東京設立辦事處，這是第一家進入日本的西方顧問公司。就是在同一年，他們建立了經驗曲線理論。次年，韓德森在《哈佛商業評論》的第一篇文章，說明了企業策略的賽局理論。但是此理論應用在商業分析是 30 年後的事。波士頓最有名的產品－波士頓矩陣，是在 1968 年提出的。

韓德森於 1985 年退休，歿於 1992 年。

> **20** 世紀的下半段，幾乎沒有任何人對國際商業有像他一樣十足的影響力。
>
> 財務時代，*1992*

勞力會花費金錢，所以經驗曲線會隨著時間而降低成本（譯註：隨著時間，勞力的投入越來越多，所生產的量越來越大，所以會降低成本）。經驗曲線同樣是基於「在經驗與效率之間會有關連性」這個原則，但更爲寬廣的觀點。就像波士頓矩陣一樣，它是由韓德森及其在波士頓顧問群的同事於 1966 年所發展的。波

> **經**驗曲線效應可在任何企業、任何產業、任何成本項目、或是任何地方被觀察與衡量。
>
> *Bruce Henderson, 1973*

士頓顧問群的顧問早已注意到學習曲線的效應。他們在所接到的半導體製造商專案中觀察到，累積產量的加倍會降低20-30%的成本。此現象在電子業尤其明顯，因爲半導體的數量快速增加，使電子計算器、個人電腦及其他家電產品的成本與價格大幅降低。

供應商也是 韓德森事後提到，雖然經驗曲線的效應毫無問題，但是對其原因的瞭解仍然「不夠完美」。學習曲線對我們瞭解其原因顯然有貢獻，尤其是當工人變得更純熟的時候。標準化與自動化的貢獻是增加效率，以及當產出增加時，設備更能被善加利用。這些也有降低單位成本的效應。其他的效率可能來自於精密的產品設計以及生產要素的配合。供應商也會受惠於經驗曲線，因爲它可以降低零組件的成本。

波士頓顧問群在兩方面利用經驗曲線。第一就是將經驗曲線視爲感應器，來確認降低成本的機會。如果公司透過經驗曲線還不能降低成本，這就表示他們應該開始尋找新方法的時候到了。經驗曲線的另外一個重要應用，就是它具有競爭優勢的意涵。

> 如果你期待成本應該會或將會下降，成本就真的會下降。這是不爭的事實。
>
> *Bruce Henderson, 1974*

比競爭者的成本還低，對企業而言是一個有力的競爭優勢。經驗曲線的效應對於企圖增加市占率的公司而言更爲重要，因爲在其他條件不變之下，市占率越高表示成本越低。企業因此能夠享受到成本優勢以及較高利潤，或者利用成本優勢來降低定價的壓力，並保持對市場的支配性。

波士頓顧問群強烈主張，如果允許價格曲線比成本曲線更爲平坦（換句話說，獲得較大的淨利率便心滿意足），是短視的。這麼做的風險在於競爭者會利用價格來贏得市占率，並增加其經驗曲線效益。如果他們選擇不這麼做，並且以獲得「舒適的」利潤便心滿意足，則這些利潤終究會吸引新的企業加入此產業，然後他們就會降價競爭。所以市場領導者應該降低價格，其幅度至少不應低於所降低的成本。這種作法會嚇退競爭者，或讓競爭者無法獲得利潤，並鞏固企業的市場支配及低成本優勢。這些概念在波士頓顧問群有名的資產分配工具——波士頓矩陣的建立中扮演重要角色。

然而，技術與創新會干擾經驗曲線。新產品或新製程的推出會使舊曲線失去作用，而開始一條新的曲線。當然，如果產業中的每家企業都瞭解經驗曲線，則此知識會變得相對無用（譯註：每個人都知道，顯然你就沒有獨特的優勢）。如果所有的廠商都依據經驗曲線來擬定、執行其策略，他們就會以低價格銷售，但會有多餘的產能，而且市占率也不會因此而增加。

> 成本的降低不會自動發生，它需要管理。
>
> *Bruce Henderson, 1974*

【核心觀念】經驗可降低成本

21 競爭五力

The five forces of competition

4P、7S這些管理思潮常會以容易記憶的、俗麗的方式來包裝。它們好像貝農與貝利（Barnum & Bailey）馬戲團一樣，用一些花招來吸引大眾的注意。今日，最成功的管理思想家顯然都是在做娛樂界會做的事；他們常常作秀、舉辦簽書大會，如果走對了路，便會名利雙收。

不要誤會了五力。這個術語以及它所代表的概念來自於最嚴謹，而且不受娛樂精神誘惑的管理思想家麥可•波特（Michael Porter）。五力在波特的持久競爭優勢中扮演關鍵角色。他認爲有三個基本的競爭策略。

你在製造某東西時，成本比任何人都便宜，因此你是最低成本的生產者。或者你可以製造特殊的東西，使你比任何人都能對那個東西訂出更高的價格，或者你支配著某利基市場（其他人很難進入此利基市場）。在決定要採取哪種策略時，管理者必須考慮市場型態——是岐散的、萌芽的、成熟的、衰退的或是全球性的。管理者必須以競爭五力來分析所選擇的市場來決定此市場的吸引力。波特的重點是，直接競爭只是競爭藍圖的一部分。五力中只有一項——競爭者——是產業內部因素，而其他的四種力量均來自於產業外部。

歷史大事年表

1450	1924	1965
創新	市場區隔化	公司策略

既有廠商的競爭 情況會是怎樣？競爭越激烈，對每個人的價格與利潤的壓力就越高。在下列情況下，競爭會更高：

- 競爭的公司家數量很多，尤其是當這些競爭者的規模都很類似。
- 市場緩慢的成長，迫使廠商極力爭取市占率（在成長快速的市場，即使市占率保持不變，利潤也會增加）。
- 競爭性產品間很少有差異性，因此競爭的焦點會放在價格。
- 退出障礙很高，因為設備是專有化的且昂貴的（例如造船）。

供應商的議價能力 你受到供應商的擺佈嗎？「供應商」包括了提供所需要的所有生產要素（包括勞力、原料、零組件）的供應者。有力的供應商會提高價格，以獲得生產者的一些利益。在下列情況下，供應商有高議價能力：

- 市場由少數大型的供應商所支配。
- 轉換供應商要負擔很大的成本。
- 生產要素沒有替代品。
- 供應商的顧客是歧散的、弱的。
- 供應商有採取向前整合的威脅，這樣會造成價格提高。

如果以上的條件變成相反，供應商的地位就會變弱。

顧客的議價能力 你受到顧客的擺佈嗎？具有有利議價地位的顧客，可以壓低價格與利潤。極端的例子就是買主獨家壟斷（monopsony，指有很多賣主而只有一個買主的市場情況），因此購買者可支配價格。在下列情況下，顧客有高議價能力：

- 只有少數的大型購買者。
- 有許多小型的供應商。

- 供應商有高固定成本。
- 產品可以被替代品取代。
- 轉換供應商是簡單而實惠的。
- 顧客的價格敏感度高（也許他們本身的利潤低）。
- 顧客可威脅接管供應商或其競爭者（譯註：這就是向後整合）。

同樣的，如果以上的條件變成相反，顧客的地位就會變弱。

新進入者的威脅　任何有利可圖的市場都會吸引新廠商。新廠商加入後，利潤就會變薄（除非有進入障礙），越容易進入的產業，競爭就越激烈。在下列情況下，新進入者比較會遇到阻礙：

- 專利權與專有知識限制了進入。
- 規模經濟使新進入者的最低產量要相當大才有利可圖。
- 進入此產業需要有大量的投資，並且／或者負擔大量的固定成本。
- 由於經驗曲線的效果，既有廠商具有成本優勢。
- 稀少的重要資源（包括人力）。
- 既有企業控制了原料來源或配銷通路。
- 政府建立的障礙，例如獨佔的公共事業、第四台電視特許權。
- 顧客的轉換成本高。

隨時隨地可獲得的技術、弱的品牌、容易使用的配銷通路、低規模經濟等這些因素都會吸引新進入者，進而使得競爭變得更爲激烈。

替代品的威脅　替代品是來自於其他產業的產品。有了替代品，公司提高價格的能力就被限制住了。因此，鋁製汽水（soft drink）罐的製造商，就被玻璃瓶、塑膠瓶所限制。一次性尿布（用完即丟的尿布）的生產者必須記住，在某特定價格下，可重複使用、可洗的尿布會成爲替代品。會增加或減少替代品威脅的因素包括：

- 替代品的相對價格表現。
- 品牌忠誠度。
- 轉換成本。

1980年，波特寫了第一本有關競爭優勢的書《競爭策略：分析產業與競爭者的技術》（*Competitive Strategy: Techniques for Analyzing Industries and Competitors*）。此書包含了五力，並且很快的成爲暢銷書。5年後他寫的第二本書《競爭優勢：創造與持續卓越的績效》（*The Competitive Advantage: Creating and Sustaining Superior Performance*）同樣膾炙人口。諷刺的是，許多競爭者會利用波特模式，將自己差異化來獲得競爭優勢。持平而論，波特所提供的是思考的激發，而不是藍圖。

> 競爭是深奧的，但管理者傾向於將之單純化。
>
> *Michael Porter, 2001*

持久的競爭優勢

根據波特的說法，如果某公司在產業中獲得了高於平均水準的利潤，則它就比其競爭者更具有競爭優勢。他認為，企業真正只有二種基本策略，獲得與持久保有優勢。

在追求成本領導策略（cost leadership strategy）時，公司所提供的品質與競爭者相同，但是成本較低。原因可能是採取更有效的製程、獲得更便宜的原料，或重新建構其價值鏈以降低成本。公司可以選擇以平均價格銷售而獲得豐厚的利潤，或者發揮成本節省的優勢，以低於平均的價格水準來銷售而獲得高市占率。在價格戰中，企業可保有利潤，但競爭者就會遭到損失。

公司在採取差異化策略（differentiation strategy）時，它所提供的產品或服務具有獨特的品質，而這些品質是顧客所冀望並願意負擔額外的代價來獲得的。產品可能有專利權，也許被認為在這個產品等級，具有卓越的技術或品質。

波特列出了第三個策略，此策略是從前二者「提煉」出來的，稱為集中策略（focus strategy）。在運用集中策略時，企業不是針對廣泛的、涵蓋整個產業的目標市場，而是針對狹小的市場區隔，並企圖獲得成本優勢或差異化優勢。在此狹小市場的銷售量必低，因此對供應商的議價能力必差，因此集中成本領導會比集中差異化更難獲得利潤。

波特建議，在上述提到的三種策略中，廠商不要使用一種以上的策略，以免傳遞不明確的訊息。使用多種策略而成功的企業，必定是在不同的事業單位，使用不同的策略。

22 行銷4P

The 4Ps of marketing

爲了引起顧客的注意，行銷界祭出了許多法寶。行銷 4P 是既簡單又周全的管理工具。在推出的 40 年後，它仍然被大眾使用。

4P 的概念深植在行銷觀念中。行銷不同於生產，也不同於銷售的概念不證自明。在兩個半世紀之前，亞當斯密（Adam Smith）在《國富論》（*The Wealth of Nations*）中提到，當時的整個商業系統都是建構在滿足生產者需要，而不是顧客的需要。他也約略提到當時所缺少的行銷的概念。自彼時以降，到 20 世紀早期，商業都是圍繞在生產面打轉。「生產觀念」（production concept）是指生產者專注於他們最有效率生產的財貨，並以低成本來爲那些財貨創造市場。他們要自問的問題是：我們能做到嗎？我們能夠生產足夠的數量嗎？

> 企業只有兩個功能：行銷和創新。
>
> *Milan Kundera*

世界第一次大戰之後，迎來大量生產當道的年代，上述問題的本質改變了。人們固然滿足了基本需要，但競爭也變得激烈起來。此時是「銷售觀念」（sales concept）掛帥的年代。生產者會這樣問：我們能銷售它嗎？我們能以合理的價格銷售它嗎？至於顧客是否需要它則不是關心的重點。行銷（如果那時候有這個東西的話）只有在商品生產之後，陪襯一下而已，而且也離不開「銷售」這個領

歷史大事年表

1950	1950年代早期	1960
供應鏈管理	通路管理	你眞正從事何種事業？

域。

直到二戰之後，具有當代觀點的行銷才開始發揚光大。顧客變得比較富裕，而且變得更加挑剔。生產者現在被迫自問的問題是：「顧客要的是什麼？在他們的需求改變之前，我們能生產它嗎？」此時，行銷觀念誕生了！也就是在發展一項產品之前，先考慮到顧客的需要。行銷觀念也表示，整合公司內所有的資源與功能來滿足顧客的需要，因爲只有長期滿足他們的需求，公司才可獲利。4P 這個觀念工具則使這個流程變得更爲順遂。4P 是行銷組合的代名詞，它是由波登（Neil H. Borden）於 1964 年的《行銷組合的觀念》（*The Concept of Marketing Mix*）一文中提出的。他列出了十幾種元素，並加以分類，而每一類元素的數目及應用視情況而不同。這些元素後來被聖母大學行銷學教授麥卡錫（E. Jerome McCarthy）集結成四類，就是現在所說的行銷 4P。

> 行銷不過是文明型式的戰爭。如何贏得多數戰役？用文字、構想及有條不紊的思考。
>
> *Albert W. Emery*
> （廣告公司執行長）

產品（Product） 行銷組合的第一個元素就是產品。產品包括財貨、服務、目的地或甚至概念（例如「喝酒不開車」）。產品決策包括外觀、名稱、品質、包裝及售後支援的等級。

價格（Price） 第二個元素是價格——顧客願意支付多少？這是行銷組合中唯一可產生利潤的元素。其他三個元素都會衍生成本。企業要採取哪一種定價策略？刮脂（先將價格設定在市場能負擔的水準，然後再隨時間降價）還是滲透（以低價來刺激早期的銷售）？要提供多少折扣？價格要隨季節調整嗎？

其他條件不變之下，價格是影響潛在消費者的最重要因素。它也

產品生命週期

就像人類一樣，能夠在早期生存的產品才會有生命週期。他們（它們）會歷經出生、成長茁壯，最後終至衰退。產品在不同的生命週期階段需要採取不同的行銷策略。實際上，許多產品會有其獨特的生命週期，典型的階段如下：

導入（launch）—在這個階段，被顧客接受比獲得利潤重要，而且企業要利用促銷來建立認知。在激烈競爭的市場中，低滲透定價會使早期銷售最大化，並使經驗曲線加速。如果競爭很弱，刮脂價格能回收產品的開發成本。在此階段，配銷是有選擇性的。

成長（growth）—產品的需求增加，因此價格可以維持不變。企業可增加配銷通路，並透過促銷來接觸到更廣大的群衆。

成熟（maturity）—類似產品間的競爭會更激烈，而價格戰開打。此時，銷量會變得更穩定，而配銷變得更密集。

衰退（decline）—市場開始衰退，也許是因為別的市場有創新，或者消費者的偏好改變。價格降得更低，企業會減少促銷以降低成本。最後此產品會停止生產或被清算。

是行銷組合中最具彈性的因素，因爲它可以在短時間內做改變，特別是以折扣的形式。定價通常是行銷主管棘手的課題，而且他們會常常出錯——不是太過於成本導向，就是沒有隨著市場的變化而做調整。不論在導入期採取何種定價策略，在產品歷經生命週期的各階段時，價格都可能改變。

配銷（Place）〔譯註：配銷（distribution）其實不以P開頭，但用Place較能代表其意涵〕。配銷涵蓋將產品送到顧客手上的所有活動，並要確保顧客在正確的時間、地點購買產品。最關鍵的配銷決策就是配銷通路的選擇。這些通路可能包括直銷、透過銷售代表、郵購、電話銷售以及／或者網際網路。更多的間接通路包括零售商、批發商與零售商，以及有時更多層級的配銷商。在做配銷通路的選擇時，要決定市場範圍，這包括密集式、選擇式或獨家式。密集式是指透過任何批發商與零售商來配銷。選擇式是指配銷的通路會被限制只給被選上的少數配銷商。獨家式是指在某特定地區，透過唯一的批發商或零售商來做配銷。配銷也涉及實體的物流，例如訂單處理、倉儲、配銷中心以及運輸工具的使用。

促銷（Promotion） 這就是「行銷」涉及「銷售」的地方。促銷涉及傳遞所有必要資訊以說服顧客購買產品。促銷策略可分二類：推式或拉式。在拉式策略中，企業會透過廣告讓顧客瞭解產品，並促使他們詢問這種產品，但這種作法所費不貲。在推式策略中，銷售人員會向批發商和零售商促銷產品，並透過通路將產品推向最終使用者。

促銷常以「線上活動」（above the line, ATL）或「線下活動」（below the line, BTL）來區分。傳統上，ATL 是要付費的廣告，例如報紙、電視、廣播、電影及告示板。BTL 促銷不涉及費用，例如銷售型錄、舉辦權、商展與陳列、公眾關係（與組織外不同的大眾建立關係）。（譯註：近年亦有一些參考書以目標閱聽人作定義，ATL 為大眾閱聽人，在 ATL 媒體投放廣告很難掌握接收訊息的人是什麼身份。BTL 則爲較易掌握觀眾身份的媒體）。銷售促進是刺激銷售的短期誘因。

> 行銷的目標在於徹底瞭解顧客，以使得產品或服務能夠適合他們，然後自行銷售。
>
> *Peter Drucker*

今日的促銷趨勢是從大量行銷轉變到大量客製化以及所謂的「一人市場」，從廣播（broadcasting）到窄播（narrowcasting）。網際網路徹底改變了溝通與購買習慣。即使在網際網路時代，4P 仍然是有效的、有用的工具。

23 全球化
Globalization

嚴格來說，全球化並不是一個管理觀念，是一個遍及全球的現象。就因爲如此，管理者被迫重新思考其市場、生產策略、供應鏈以及競爭優勢的來源。有些管理者認爲全球化是一條單行道，這些人也需要重新思考。

> 商人是沒有祖國的，能獲利的市場遠比他們居住地區的所在來得有吸引力。
>
> *Thomas Jefferson, 1814*

就好像管理者要深思許多管理觀念一樣，他們也要仔細思考全球化的課題。紀元前二世紀，國際貿易沿著絲路蓬勃地發展起來。在一戰之前幾年，國際化已達到顛峰，跨國貿易與投資大行其道。在兩次世界大戰之間，國家把發展重點放在國內經濟，國際化反而不熱絡。管理者在國際化問題的處理上，在規模、速度、密集度方面反而大不如前。有兩個因素可促進國際化的發展，其中之一就是科技，包括電子通訊、電腦、網際網路，這些科技使世界變得更小、更聰明、更快。另外一系列因素就是解除管制、民營化及各地政府的市場開放政策。

1983年，哈佛大學經濟學家李維特（Theo-dore Levitt）認爲，科技使全世界移向「聚集的共同點」（converging commonality），而標準化消費性產品的全球市場會以「前所未有的大規模」出現。他稱此現象爲「全球化」，也就是全球會有更多的整合、互賴及連結。企業和投

歷史大事年表

1886	1920	1950
品牌	分權	供應鏈管理

世界是平的

紐約時報外國事務專欄作家佛里曼（Thomas Friedman）在 2005 年因《地球是平的》(*The World is Flat: A brief History of the Twenty- First Century*) 一書而聲名大噪。此書是先前《全球化》的更新版本。世界是「平的」，因為萬維網已把競技場剷平了！他認為剷平的原因還有十個：

1. **柏林圍牆的倒塌** —1989 年 11 月 9 日（使世界的權力平衡移向民主和自由市場）。
2. **網景公司（Netscape）的初次公開發行（IPO）**—1995 年 8 月 9 日（引起了大衆對光纖電纜的興趣）。
3. **工作流程軟體** — 可使遠地的員工間更快地、更緊密地協調。
4. **開放式軟體** — 自治的社群（如 Linux）掀起開發協同式軟體的革命。
5. **外包** — 將企業的部分功能移往印度，不僅可節省金錢，而且可振興第三世界經濟。
6. **境外生產** — 契約製造提升了中國經濟。
7. **供應鏈** — 在供應商、零售商與顧客之間建立一個緊密的網路以增加經營效率。
8. **內包** — 大型的物流公司控制顧客的供應鏈，並幫助家庭式商店走向全球。
9. **個人供應鏈** — 每個人均可利用網際網路作為傳遞知識的個人供應鏈。
10. **無線** — 更有效的團隊合作。

資者爭先恐後地利用全球化所帶來的機會，並不遺餘力地強化它。但全球化同時也有社會、文化及政治上的意涵，只是程度不同而已。

> 幾乎每一個產業都被開放去接受來自傳統區域以外某種形式的競爭。
>
> *Rosabeth Moss Kanter, 1995*

全球建構（織物） 國際貿易、直接投資與間接投資已逐漸被編織成全球織物。由於對進口產品與服務的支出量越來越大，所以國際貿易變得越來越熱絡。由於已開發國家進行外包的結果，開發中國家的貿易佔總貿易的比例在過去 20 年增加了 3 倍。海外直接投資已呈數倍成長。這要歸功於已開發國家（母國）的境外生產作業（offshoring）。投資基金和個人投資者不用自己在外國開設公司，但可投入資金在新興市場。近年來這種投資越來越蓬勃。

20 世紀中葉以來，公司的全球化逐漸熱絡，因爲成功的出口商逐漸在他們的海外市場紮根，以接近市場並節省運輸成本。之後，這些廠商會整合其營運，形成一個眞正的全球公司。下一階段就是西方公司將生產活動外包到較便宜的勞工市場，隨著時間發展，接著是外包的服務，例如客服中心、軟體開發。

最大的受惠國是印度（在軟體開發方面），以及中國（在契約製造方面）。這二個經濟體的進步非常快速，在 20 年內必成爲經濟強國（另二個是巴西、俄羅斯）。在外包作業方面，菲律賓掌握了許多行政作業及聯絡中心作業。一般而言，亞洲是佔外包市場最大比例的地方。但拉丁美洲、中歐、東歐、中東所佔的比例也越來越高。有人認爲，低成本的外包地（如迦納、越南）也會變得更具競爭力。

全球外包開始於藍領工作，但現在許多白領工作，尤其是在研發、產品設計領域，也紛紛移往國外，不是因爲要節省成本，而是在本國找不到合格的人選。這會使得海外外包的缺點更加惡化，也就是企業對於接近核心事業的功能失去了管理控制。

全球思考一本土行動 「遙遠的國外」並不是在供應鏈上順便加上去就好。它是一個市場，而眞正全球化的公司具有許多國際市場的公司。我們習慣稱它爲多國公司（multinational）或全球公司。成功的全球公司知道它所採取的行動何時要合乎本土性，何時要具有全球性。匯豐銀行在這方面是集大成者——「全球思考一本土行動」就是公司的口頭禪。該公司發現顧客認爲它「只有一個通用方案」時，它就立志成爲「世界的地區性銀行」。但是你可能以錯誤的方式採取本土行動，就像吉列早期在中國的作法。吉列假設中國市場並沒有準備好接受比較高級的刮鬍刀，因此就在中國產銷舊式的刀片。結果它發現中國消費者比較喜歡進口貨，而不是本地貨。中國消費者懂得這些新東西，而且他們不喜歡舊東西。這就是溝通出了問題。

吉列現在是全球性整合公司的典範；它有集中式的研發、工程、製造和廣告。在全世界它有許多工廠（雖然現在比以前少了一點），但卻採取中央製造式，地主國的經理只要專注於當地的行銷即可。管理者在全球輪調，完全實現肯特所說的「四海爲家型」（cosmopolitan）文化，也就是企業的全球化管理文化。其他的企業，如雀巢，將全球的生產加以標準化，但產品策略、行銷留給地主國做。第三個模式是準自治企業，其目的在獲得綜效；公司把哪裡做得最好的作業留在當地，例如IBM 把採購作業放在中國做。

> 連結克里姆林宮與白宮的「熱線」應該是被「服務線」所取代；服務線可聯絡每個美國人與位於班加羅爾的客服中心。
>
> *Thomas Friedman, 2005*

很多人認爲，全球化是「我們」（已開發國家）向「他們」所做的一些事情。但不要過於自信。當你注意到第一家印度全球公司的時候，它的第二家公司即將開張。全球化會向所有的方向擴散。

24 創新
Innovation

創新又回到企業「待做」的名單上。在達康公司的創新熱潮戛然而止時，大公司又「重拾舊歡」，大搞其熟悉的創新活動，但現在他們比較謹慎。IT產業看到創新便興奮起來，因爲它們必須依賴創新才能夠繼續生存。大公司（如奇異、寶鹼）對創新的公開承諾鼓舞了其他產業重回實驗室。

拜科技進步之賜，創新一波波地湧現。在1450年，當古登堡（Johannes Gutenberg）發明印刷機時就證實了這句話。在1970年代個人電腦出現時，也掀起了類似的浪潮，並促成了資訊時代的來臨。1980年代的軟體開發，再加上1990年代的網際網路，整個世界都變得數位化了！數位化革命會持續下去，而企業也向內發展，發揮其核心能力於尋求創新的機會。

根據波特的說法，如果競爭優勢的來源只是在價格與差異化的話，那麼創新就是最有力的差異化因素，雖然歷史資料顯示，這不會讓企業總是獲得更高的長期利潤。公司採取創新的理由是想進入新市場，並且獲得有機式的成長而無需訴諸於購併。

創新不是發明　創新並不是發明的同義字。發明要經過市場的淬鍊之後才能眞正成爲創新。創新必須改變人們做事的方式。阿馬拜爾

歷史大事年表

1450	1911	1951
創新	賦能	全面品管

（Teresa Amabile）在她有關創造力的文章中，將創新描述成「在組織內，成功地實現具有創意的構想」。創造力包含發明，只是創新的起始點，是創新的必要條件，但非充分條件。如同阿馬拜爾所說的，創新這件事，需要在從創意的激發到產品或服務的推出的每個階段，都做到有效的管理。創新並不侷限於產品與服務。創新可以是企業內部的事，例如新的、更有效的組織結構與程序。創新可能是新的行銷或配銷方式，例如特百惠（Tupperware）派對或線上食品雜貨遞送。

> 具有高比例創新的公司，其成功的秘訣就是他們嘗試更多的事情。
>
> *Rosabeth Moss Kanter, 2006*

以今日的觀點而言，創新可以是某件事物的重大改善。就如同愛默生（Ralph Waldo Emerson）所說的：「製造比較好的捕鼠器，就會使你門庭若市。」他並沒有說：「製造『革命性的』捕鼠器」。但由於劇烈創新的高成本，許多公司停滯於所謂的漸進創新。華頓商學院行銷學教授戴依（George Day）認爲，許多小規模的創新會造成持續的改善。這類小規模創新專案佔公司平均開發組合的 85-90%，但不會特別使公司更有競爭力或利潤。雖然大規模創新對公司的利潤貢獻很大，但是它們佔開發專案的比例越來越低（譯註：可能是風險太高、所需資金過於龐大之故）。

大規模創新既困難又危險。創新是後天造成的，不是與生俱來的，但許多大公司並不擅長管理創新過程。一些經驗法則之後逐漸從成功的創新過程衍生。自從第一台蘋果電腦在矽谷被開發以來，人們終於瞭解到，讓有創意的人有足夠的空間，並遠離官僚主義的枷鎖是多麼重要的事〔這個風險是這些 Skunk works（譯註：刻意離開現有職位，如不受現有指揮鏈約束，專心開發新產品的一群內部創業家，太過於脫離組織，而使他們的構想被忽略〕。已具規模的大型企業也接受它們本身必須創新的事實。歐瑞利與塔什曼（Charles O'Reilly and Michael Tushman）在其《透過創新成爲贏家》（*Winning through Innovation*）一書中，提出「兩面組織」（ambidextrous organization）的觀念；此組織搖擺於不一致的結構和文化之間，以便於同時活用舊的、探求新的。透過貼近顧客、快速因應市場訊號，以及知道何時剔除某些產品或某些行不通的專案，上述的作法就可以挑出在科技與市場上的贏家。但也有所謂專心聆聽顧客的聲音，反而抑制大規模創新的說法產生。

創新是「具有創造力的毀滅力量」

亞當•史密斯在其《國富論》一書中提到即使資本家追求其本身利益，「看不見的手」會穩定市場。美國商業歷史學家錢德勒提到在管理上「看得見的手」。但是經濟學家熊彼得（Joseph Schumpeter）以更為「粗魯」的方式來描述市場。他把資本主義描述為「創造性破壞」的流程時，他講的是創新。

熊彼得（1883-1950）既是政治科學家又是經濟學家；他的言論常被引用。他認為，創新的浪潮會把已存在的企業沖毀並捲走，然後留下新的一群來取代，此現象在數位化時代尤其明顯。他也認為，企業精神（unternehmergeist）是經濟體系中不可或缺的力量。最先他以為個別企業家都會有企業精神，但後來發現只有研究密集的大型企業才有。

有些美國政治家將未來經濟描述為「熊彼得主義」，由創新與創造性破壞引導未來經濟。他們並未提到，在公司社會主義、機械式創新以及受束縛的創業家這些情況下，熊彼得主義如何發揮作用？

哈佛大學商業管理學教授肯特（Rosabeth Moss Kanter）認爲，許多準創新者並沒有從先前的錯誤中學得教訓。她登在《哈佛管理評論》的文章《創新障礙賽》中提到，缺乏勇氣與知識是創新的絆腳石。肯特提到，他們在尋找新點子時，又會否定每個人提出的點子。她認爲，除了英特爾、路透社之外，公司的風險性投資部門並不常替核心事業創造重大的價值。

> 避免大規模創新的公司認為其潛在報酬太久才能回收，而且風險很大。
>
> *George Day, 2007*

機會太小 創新的理由是策略性的，或是爲了連結程序、結構或技術。創新的最典型缺點，就是管理者只熱衷於會造成轟動的東西，而對於小機會不感興趣。有些公司使用同樣施行在其他部門、具有同樣標準的規劃、預算及評估來扼殺創新。肯特指出，創意團隊需要不同的待遇，但常會惹起忌妒，引起「階級鬥爭」（我們努力賺錢——他們拚命享受）。一般常見的缺點是讓技術人員負責管理。因爲讓創意團隊充電、將新點子向管理當局溝通是重要的，但這往往不是工程師、IT 專家的長處。

創造力需要花時間，而研究也顯示，要在創意團隊或研發團隊待上二年，才會眞正有生產力。也許在此二年內，又有許多人事變動。

即使有殺手級的構想，公司也不見得會獲得他們所希望獲得的利益。公司能得到創新價值的程度稱爲「可佔有性」（appropriability）。公司能保護其構想嗎？在防不勝防的模仿者湧入市場之前，你有多長的前置時間？在投入創新時，需要多少專門的資源？例如，你發明了快速冷凍食品，你必須向冷凍食品設備製造商「提供許多價值」。創新最不能接受的事實，就是利潤通常是由他人所享有。PC 是由 Micro Instrumentation Telemetry Systems 所發明的，但你聽過這家公司嗎？產生創新是一回事，享受它的利益又是另外一回事。

25 日本式管理
Japanese management

在巴斯可與亞索斯（**Richard Pascale and Anthony Athos**）撰寫《日本式管理的藝術》（***The Art of Japanese Management***）時，他們觀察到美國的管理技術在三方面受到日本的挑戰。第一是管理實務——做更多過去做得好的事情反而成果變差。第二是社會價值的改變，也就是人們對組織與工作的期望與過去不同。第三呢？「競爭要把我們殺了！」

這就是重點。這是1981年的事情。日本的國民生產毛額排行世界第三，而照這樣的節奏下去，在20年內，會變成世界第一。日本是一個多山的小國家，70%的土地不適合人居，剩下的面積約等於古巴大小。雖然幾乎沒有自然資源，它的成長與投資率幾乎是美國的二倍。它在一個接著一個的產業中，超越先前的國際領導者：照相機超越德國、手錶贏過瑞士（誰能相信？）、機車打敗英國、超越美國的消費者電子產品，以及許多其他的東西（例如拉鍊）。巴斯可與亞索斯不得不承認，日本超越得太多了！

> 日本式與美國式管理有95%相同，只有在所有重要的地方不同。
>
> *Takeo Fujisawa*
> （本田汽車公司共同創辦人）

雖然不是唯一的書，《日本式管理的藝術》企圖勾勒出書名的內容。最明顯的差別在製造——日本公司曾仔細研究美國公司，並向美國的品管大師拜師（這位

歷史大事年表

1911	1940年代	1951
賦能	精益生產	全面品管

美國大師在美國未曾受到重視），並做調整與改良，一直到他們能夠發展自己獨特的生產模式時爲止。他們的設計與生產速度，也是讓世界各國刮目相看。在 1980 年代，他們的方法，不論是全部或部分，多少被西方國家所採用，包括全面品管、六標準差、精益生產。離開了發源地之後，這些方法有些被採用，有些被拋棄。被棄而不用的原因有二：第一，缺乏日本式管理的風格；第二，缺乏日本式個人對組織的態度。

約定俗成的策略

「他們」說本田重新界定了美國的機車業。如果是真的，但不是什麼魔鬼終級產品，而是因為本田因應一系列意外事件的方式。這就是日本式風格。1959 年，Kihachiro Kawashima 與二位同事，在洛杉磯開了一家本田店，其大略的目標是爭取 10% 的進口車市場，但是事與願違。

日本當局只批准本田擁有四分之一原先預估的出口配額，並應保留在庫存中。Kawashima 在夏末抵達洛杉磯之後，發現傳統美國機車的銷售季是從四月到八月。他們將有限的出口配額平均分配給各型機車：305cc、250cc、125cc 以及 50cc Supercub，並集中在大型機車的銷售。但不久之後碰上了災難 — 漏油和離合器問題。

銷售團隊不敢銷售 50cc Supercub，怕傷了本田在男子氣概市場的形象。令人驚奇的是，運動商品店願意銷售它們，而且也有相當好的業績。本田得救了！之後的「你在本田會遇到最好的人」廣告開啓了一個新的市場區隔（此市場原本是崇尚重型機車的）。直到 1964 年，在美國銷售的每兩輛機車中，其中有一輛就是由本田製造。

直接衝突？不 日本的幅員雖小，但卻擠滿了 1 億 2 千 7 百萬人口。在過去的 2000 年，這些人培育了和諧的精神，所以直接衝突是社會上不能接受的事。由於歷史原因，西方社會依賴不同的機構（例如教堂、國家和工作場所）來滿足不同的需要。日本歷史造就的社會，就是將組織視爲滿足所有需求的地方。衆所周知，日本公司提供終生工作保障，但在「失落的十年」（經濟蕭條）之後，工作也沒有終生保障了。即便如此，他們在公司福利（如健保、娛樂設施）方面的花費還是比西方公司高出許多。公司規定管理者要花一、二年的時間在工廠內，與員工打成一片，並且自覺地爲他們的全部福祉負責。員工帶到工作上的不僅是雙手和肌肉（勞力），而且還包括智慧、態度和感覺。他們被要求貢獻點子、分析問題及提出解決問題的建議。他們會接受相關訓練，因此知道該如何做。

日本領導者的基本資格就是被團體所接受。

Richard Pascale and Anthony Athos, 1981

雖然西方公司努力迎頭趕上，但是差異仍然存在。在歐洲和美國，指揮和控制的管理風格雖然變得比較有人情味，但是在許多公司並沒有完全消失。顯然，我們還找不到與日本式決策相對等的做法。日本將領導視爲空氣——有必要性但是無形的。傳統上，決策起始於中間階層，然後向上移動，在這過程中會得到許多共識，因此當此決策達到最高主管時，就很容易被批准。這種決策方式很費時間，但它表示所有的人都很眞誠地致力於此特定行動。在這裡，只有開誠布公，沒有處心積慮的算計。

在執行面，日本與西方公司也是大相逕庭。如果西方公司決定一個令人不快的行動方案，如合併兩個部門，也許先行宣布，然後你就會聽到一堆抱怨。日本管理者會告訴員工工作流程有些微的改變，然後在逐步說明有一些另外的小改變；就算用宣布的方式，也只是在證實已發生的事情。循序漸進的改變總是比直接的劇變令人容易接受。這個思維會反應在高級主管擬定策略的態度。雖然五年計畫執行不力，西方公司還是會對整體計畫保持信念。日本人會事先規劃，並有願景，但不喜歡執著於單一的策略（除非被改變的情況所蒙蔽）。他們喜歡「具有洞察力的遠見」。

向美國取經 西方公司最爲震驚的是，日本公司相對不重視利潤。在日本，組織所代表的人和社會比較重要。現在，由於持續的經濟衰退，以及國外投資者的叫囂，迫使有些日本公司重新思考其態度。有些公司開始加快決策的速度，並變得更有彈性。它們開始雇用兼職和臨時工人，這種作法以前從未聽說過。它們也開始透過工作人員的協助來降低成本，而不是魯莽地削減。日本的評論家鼓勵日本公司向美國學習，因此有關矽谷奇蹟的書籍會取代日本奇蹟。如果你說有什麼加州策略，日本人沒有不知道的。但是日本人不太能接受「股東價值」這個觀念。

我們傾向於認為，由於日本人重視團隊、和諧與人際關係，所以他們不會來硬的。

Richard Pascale and Anthony Athos, 1981

最近的經濟停滯，要歸咎於日本的金融實務及結構，而不是其管理實務。日本企業需要更多的彈性才能善用今日發展迅速的市場，並且在進軍海外時，做到如何善待非日本員工。在它們熟悉的市場，如汽車、光學、消費性電子產品、機具，日本公司仍然是頑強的競爭對手。當豐田取代通用成爲全球最大的汽車製造商時，會對這項事實帶來相當震撼的提醒。

【核心觀念】 珍視員工，並讓策略發生作用

26 知識經濟
The Knowledge Economy

彼得•杜拉克像往常一樣，總是會搶先別人一步。在1960年代晚期，他提出了「知識經濟」這個術語，並預測資訊的散播會造成社會的大幅改變。管理者該做的，就是提高「知識工作」與「知識工作者」的生產力。

學術研究者與統計學家（就是希望衡量知識經濟的人）還沒有完全同意知識經濟眞正的定義。有些人認爲，它是特定產業的集合，例如高科技製造、電腦及通訊產業。也有人認爲，它是散佈在所有產業的知識。經濟合作與開發組織（OECD）則採取中庸之道，認爲知識經濟包括高與中階科技的製造業、知識密集的服務業，例如金融、保險和通訊，接著是商業服務、教育與醫療。

只有外行人才會比英國的非營利組織——工作基金會（Work Foundation）所下的定義更糟：「知識經濟是你利用功能強大的電腦及受過良好教育的人，來滿足知識導向的產品和服務的需求時，所得到的東西。」不論定義如何，已開發國家顯然已整合在一起。經濟學家教導我們：勞力與資本是生產要素，同時也告訴我們：知識將取代勞力作爲主要的創富資產。做爲一項資產，知識有一個吸引人的好處，那就是它的價値不因被使用而減少。事實上，知識的分享會提升其價値。

歷史大事年表

1450	1911	1968
創新	賦能	變形蟲組織

OECD 成員幾乎全看到這個現象，因知識導向產業所增加的國家財富，以及在知識導向的的工作及公司中，有極大比例的工作者會利用科技來創新。根據定義，許多國家的知識經濟已佔整體經濟與就業市場的一半以上。

知識永遠是一個經濟上的力量，但此力量會受資訊與通訊技術（Information and communication technologies, ICT）所影響；ICT 會擴散知識、延伸知識，並快速的轉移知識。知識導向的企業會整合新的 ICT、新的科學和技術，來向更富裕的、受過更高教育的消費者創造新產品。

我們……看到主要由科技進步所驅動的知識經濟，而國內的經濟繁榮會增加對知識導向的服務的需求。

Ian Brinkley, 2006

加值 知識——正確的知識——會加值。知識可催生出更佳的決策、鼓勵洞察力與創新，以及提升生產力。在創新方面，知識可以用各種方式來創造競爭優勢，例如知識網路可加速與改善新產品開發；在公司內分享最佳實務會降低成本並提升品質。在全球化及競爭白熱化的經濟環境下，再加上環境充滿片斷和零散的技術，因此，公司對這捉摸不定的資源（譯註：亦即知識）做有效的約束與管理，產生強烈的需求。

即使本身並不覺得有什麼特別知識密集的企業，知識也是一個策略議題——如何獲得、開發、分享和保有知識。此策略議題也創造出一個新興學術，也就是知識管理（knowledge management, KM）。越來越多的公司，尤其是美國公司，會任命最高知識長（自從 1996 年以來，每個政府單位會聘僱最高資訊長）。如要發揮知識管理的功能，首先要仔細分辨知識與資訊——不是所有的資訊都是知識，也不是所有的知識

內隱知識

管理顧問公司要火紅的話，總要編出一些動人的行話。添進字彙集的最新行話是「內隱式互動」（tacit interaction）。這是麥肯錫顧問公司的術語，用來表示較複雜的工作活動，也就是在形成分析技術、判斷或解決問題能力時所需要的「內隱知識」。

在公司中，有越來越多的人會進行內隱式互動。他們是最具才華的員工，而且薪水也很高。但是他們的生產力又如何呢？麥肯錫認為，效率／生產力的改善在製造業，及交易導向的行業，如零售、航空，是差強人意的。

最佳或最差的製造商其績效差距逐漸地在大幅減少，同樣的情形也發生在交易密集的產業。在內隱導向的行業（如出版、保健及軟體開發）這個差距則變得更大，這表示許多生產力改善的問題是藏在腦中的。

一般用於標準化、自動化的改良工具，對內隱知識工作者的助益並不大。技術必須用來支援需要協同合作的活動（例如視訊會議、簡訊傳送）。管理者必須促成組織變革、學習與創新。這也許是當代的最大機會。

都有價值。我們有必要分辨外顯知識（explicit knowledge）與內隱知識（tacit knowledge）。外顯知識可在資料庫、公文櫃中找到；它可以被蒐集、文書化及儲存。內隱知識則是藏在人們的腦中，包括無形的東西例如經驗、判斷和直覺。人是知識管理的關鍵因素，而知識創造要依靠人際互動，因此 IT 導向的知識管理經常會以失敗收場。

在公司的各個不同角落，都藏著有價值的知識，包括有關成果、程序與產品的知識，以及有關關係與組織記憶的知識。公司也會創造新知識。知識管理會使用各種不同的方法，來創造、組織、分享與使用所有的知識，包括訓練、公司內部網路、警告系統及創造力工具。知識也有硬性的一面。如果知識藏在人們的腦中，那麼人走到哪裡，它就會被帶到哪裡。事實上，這種事常發生。才華橫溢的員工可能會被競爭者挖角，而年長的員工會退休。在精簡組織掛帥的今日，員工常被公司辭退。所以，知識管理最優先的工作，就是從人們腦中萃取知識，並保留在組織之中。知識管理的挑戰之一，就是如何鼓勵知識自由流動，同時又能駕馭它，並保障其安全。在未來，知識經濟會受到商業促進產業的重視。20 世紀的後大半段，管理者的努力，絕大部分放在製造上的改善。管理者與顧問努力發明各種方法來改善效率。他們做得非常成功，所以有待加強的地方並不多。經過多年的經驗，再加上最佳實務，透過製造效率來獲得競爭優勢的機率幾乎等於零（譯註：因為每家企業都有同樣的製造效率）。

> 知識導向經濟的觀念並不只是對高科技產業的描述。它說明了競爭優勢的一系列新來源。它可應用到許多產業、公司和地區。
>
> *Charles Leadbeater, 1999*

更多效率　下一階段就是在服務及商業程序中尋找更高的效率。這會造成許多規劃技術的使用，例如商業流程再造、企業資源規劃，並輔之以大量的資訊科技。同樣的，最佳實務的散佈也會限制獲得競爭優勢的未來潛力（譯註：每家公司都有最佳實務時，就不容易在當中獲得競爭優勢）。所以最後企業會將焦點放在知識上。

麥肯錫顧問公司提出了轉換型（製造或生長產品）與交易型（服務、貿易、大多數的知識工作）的不同。該公司再將交易型細分為例行性交易和內隱式互動，而後者極度依賴判斷和周遭情境。我們認為，能透過內隱式互動來提升生產力，並獲得差異化優勢的企業並不多。

27 領導
Leadership

企業有許多無形的東西，尤其是生產部門以外的工作單位，但是沒有任何東西比領導更無形。帶領我們突破重圍、邁向勝利的魔法是什麼？顧問與學者希望可以隔離它、過濾它、銷售它，但他們未曾眞的做到。領導是下一個重大的管理研究領域。

品行是領導的關鍵。

Warren G. Bennis, 1999

如果有「領導」這個市場的話，其價格是波動的。1990年代的尾聲，最受欽羨的執行長們獲得了搖滾巨星的地位，而其公司股價（及他們的報酬）也大幅上升。股票市場也蓬勃發展。一項跨越十年的研究顯示，偉大領導者使公司股價上升的速度，快於無效領導者的公司達12倍。然而，安隆與世界通訊的醜聞，以及其老闆的鋃鐺入獄，使其股價大跌。氛圍改變了！高姿態的主管離開了像迪士尼、惠普及AIG這樣的公司，其職位被比較內斂、謙虛的主管取代。執行長裡的巨星，奇異公司的威爾許（Jack Welch）不久以前退休了，其留出的職位空缺被投資者、媒體人士所關注。順便一提，威爾許認爲他只有三件工作必須做：尋找適當人選、分配資源，以及快速的散佈點子。巴納德（Chester Barnard）在1938年寫道：「領導者的工作就是管理組織的價值，並促使員工努力。」〔譯註：這本書是《高級主管的功

歷史大事年表

紀元前500年	1897	1911	1916
戰爭與策略	合併與購併	賦能	多角化

能》（*The Functions of the Executives*）〕。

不論我們是否將執行長視爲英雄，能激勵人心的領導者的價值是不容爭辯的。由於市場與消費者的改變，組織必須隨之因應，優良領導者的必備技能也必須改變。傳統上，組織就像軍隊，由發號施令的將軍，也就是領導人所領導。在今日的知識經濟，被稱爲知識工作者的員工不習慣被大吼大叫。班尼斯（Warren Bennis）相信，未來的競爭優勢，將取決於是否能創造出那些會產生智慧資本的社會結構，而「領導就是發揮智慧資本潛力的關鍵」。

以身作則

英國顧問派特（Kieran Patel）將領導風格區分成容易確認的類型如下：

傳教士 — 被崇高的目標所驅使（有關做生意的正確方式，或者如何讓世界變得更好）。這類領導者會以傳教的方式來鼓舞士氣，任何投效於這類公司的員工，都會被期待要改變工作信仰。

風險性投資資本家 — 在新環境中尋找贏家。他們是尋求創新的創業家，喜歡購併式的策略。風險性投資資本家通常相信小即是美，並在組織內建立自給自足的事業（譯註：例如策略事業單位或事業部）。

革命家 — 尋找打破紀律的機會，破壞現有的模式，改變競賽規則。他或她有一些信仰者，而這些信仰者將他或她視為救世主。

投資銀行家 — 透過購併及處置來運作的交易人。他們有屬於自己的風格，並擁有事業、能力、關係、產品與服務的組合。

將軍 — 希望控制競賽規則，將商業視為如何透過優異的策略和戰術－來征服敵人的領土。一個將軍會認為詳盡的規劃非常重要。

總經理 — 遠離第一線，以政策擬定者、大使的身份來掌控競賽。一群「顧問」會建議總經理何時要與公司內其他的人打交道，何時要避開他們。

如何成為領導者？ 工業心理學家班尼斯認爲，領導者有七個重要的屬性：技術能力、觀念化技術、經驗、人際技巧、品味（能確認有才華的人）、判斷力與品格。缺少前三項的人並不多，而掌握軟性技術便可以區分誰是未來的偉大領導者。領導者並不是管理者。管理者會以正確的方法做事，而領導者會做正確的事（譯註：這也是效率與效能的差別）。雖然班尼斯不相信領導有單一模式，但他認爲領導者必須要能夠滿足員工的期待，情形如下：

員工的期望	領導者提供	幫助建立
意義與方向	目的感	目標與標的
信任	眞誠的關係	可靠性與一致性
希望和樂觀	堅決（事情必成的信心）	精力與承諾
成果	對行動的偏好、冒險、好奇心與勇氣	信心與創造力

班尼斯認爲，有效的領導者會將熱情、遠景與重要的意義帶進組織界定其目標的過程上，而每位有效的領導者會對於他或她的工作展現無比的熱情。遠景是有必要的，因爲員工希望知道，發生這件事之後會發生什麼事。今日的員工，因爲很容易地在別處找到工作，所以會特別要求工作要有意義，員工希望他的工作是舉足輕重的。

柔和一些（Going soft） 眞誠（authenticity）是最近在領導研究上的新流行語。如果你希望人們會相信你的話，最基本的就是做你自己。如果人們意識到你有防衛性或隱密性——也就是不夠眞誠——他們就會懷疑你的意圖或陰謀（你到底在想什麼、想幹什麼）。這會使他們感到不舒服，遑論對你開誠布公。眞誠說明了保持開放、顯示脆弱的一面並不是懦弱的表現。曾經有段時間，眞誠訓練非常風行，雖然學習如何眞誠似乎是相當矛盾的事。最終不能獲得成果的領導者，必然會失去人們對他的信心。根據班尼斯的說法，在這個世

> 成功的領導理論通常是團體中心的。
>
> *Owain Franks and Richard Rawlinson, 2006*

界上，成果導向的領導者好像冰棍球選手，要不斷地射門。他引用了加拿大曲棍球傳奇人物格瑞斯奇（Wayne Gretzky）的話：「如果不出手，你就是百分百失誤。」但是他們也創造了一個容忍失誤的氛圍。

就像眞誠一樣，「情緒智慧」（emotional intelligence）是另一個與好的領導息息相關的熱門話題。1995年，柯曼（Daniel Coleman）的《情緒智慧》一書出版時，一時洛陽紙貴。柯曼把情緒智慧分爲四個領域。前二個是屬於個人的，另外二個屬於社會的。這四個領域是：自我認知、自我管理（控制情緒的能力）、社會認知（同理心和體恤）以及關係管理。

不同的風格　領導風格有不同的分類，有些比較細膩，有些比較粗糙。蒙特利的學者皮區（Patricia Pitcher）提出了三種類型，而每一種類型都有不同的特性：

- 藝術家——具有想像力、抱負、願景、創業家精神、情緒化的；
- 工匠——穩定的、合理的、合情理的、可預測的、値得信賴的；
- 技術官僚——理智的、重視細節的、不妥協的、頭腦冷靜的。

以上每一種風格都會適合不同的需求。如果你要成長，就要成爲一位藝術家；如果你要鞏固地位，就要成爲一名工匠；如果你要做一件令人厭煩的事（例如縮小規模），則成爲一名技術官僚會做得很好。

有些人還在尋找一個放諸四海皆準的領導理論。Booz Allen Hamilton 顧問公司的顧問法蘭克斯與羅林森（Owain Franks and Richard Rawlinson）指出，一般而言，相對於在行銷、生產、財務與策略方面的明顯進步，領導在倒退之中。缺乏任何一個可被接受的領導理論（也就是被證實有預測能力的理論）就是倒退的症狀和原因。但他們相信，此理論出現的時機已成熟了。如果眞是如此，「那將是今後 20 年企業管理發展上最重要的突破。」

【核心觀念】嘗試去掌握重點

28 精益生產
Lean manufacturing

精益生產雖是一個平淡無奇的術語，但可激發無比的熱情。精益生產一詞源自於日本，且在本質上完全是日本式的。當管理變得越來越複雜、苛刻無情的同時，這個觀念又是如此優雅簡單。要實施精益生產並不容易，但可歸結到一個穩固的原則——剔除浪費。

「瘦身」，擁護者如此稱呼它，涉及速度與效率的問題，當然在實際上它複雜得多。雖然精益生產在1930、1940年代於日本汽車業發跡，但它的影響可追溯到亨利福特的年代。第一位整合生產流程、使用可交換的零件、使生產線標準化的人就是福特。有人說他是實施精益生產的先鋒。

福特不願做到的一件事就是多樣化（variety），因爲他認爲多樣化會降低效率。撇開「只要是黑色，你可以選擇你喜歡的任何顏色」不談，福特只有一種規格，一直到關廠前都只製造T型汽車。之後，其他的汽車製造商提供了許多款式，但代價是工廠放棄了連續性生產方式，增加生產時間和存貨。

> 剔除「原因」。
>
> *Taichii Ohno*
>
> （當被告知，為什麼存貨不能降為零時的回答）

在日本的豐田汽車公司，Taichii Ohno與其工程師

歷史大事年表

1911	1940年代	1950
科學管理	精益生產	供應鏈管理

同事 Shigeo Shingo 認爲，利用福特的技術，再加上特定的創新，豐田就可以獲得產品差異化，以及連續性工作流程的雙重好處。後來這種作法被稱爲是豐田生產系統（此套系統引進了許多新點子）。

> 精益生產改變了製造。現在正是在消費流程應用精益思考的時機。
>
> *James Womack and Daniel Jones, 2005*

Ohno 與 Shingo 不採用在底特律工廠使用的大型機器，而改用適合實際生產量的機器設備。他們導入了非常快速的建置方式，現在稱之爲「一分鐘骰子交換」（single-minute exchange of dies, SMED），因此每台機器都可以小量批次地製造不同的零件，以配合不同款式的汽車。而且他們要求，在製程中的每一步驟中，都可讓前一步驟知道它所需要的材料（利用看板卡 kanban cards），如此可減少存貨到最低。這就是及時生產（just-in-time, JIT）；它的核心就是低成本、高品質、多樣性、快速的製造，以迎合善變的消費者口味。

不一樣的東西　其他的日本公司也紛紛採用一些豐田式技術，但是直到 1970 年代，世界其他各國（尤其是美國），才開始瞭解日本製造商在作法上的不同。當時日本汽車正大舉進軍美國小型車市場，之後又擴展到其他產業，例如電子業。

美國的製造商開始拜訪日本，進行實地考察。他們帶回一些吸引人的點子，例如看板卡。然而，直到 1981 年，美國創業家布達克（Norman Bodek）偶然看到 Shingo 寫的有關豐田系統的書，才一窺看板卡的全貌。他找人翻譯此書，並邀請 Shingo 到美國演講，同時也開啓了精益生產的顧問工作。「lean」這個字直到 1990 年《改變世界的機器》（*The Machine that Changed the World*）一書出版後，才成爲一

1951　全面品管

1986　六標準差

個管理用語，這本書的作者伍麥克（James Womack）、瓊斯（Daniel Jones）與魯斯（Daniel Roos）比較了美國、歐洲及日本的汽車業。當時伍麥克是麻省理工學院的研究科學家，後來成立了一家非營利的精益企業協會（Lean Enterprise Institute）來宣揚精益生產的理念。此理念紛紛被許多大企業如波音、保時捷、英國特易購公司（Tesco）採用。瘦身並不被認爲是「快速解決方案」，而被認爲是能引領你到達以前未能到達的目的地的路標。除此之外，你不可能只靠自己的力量就能達到目的地，因爲你要精益生產的話，你的供應商也必須精益（如果沒有供應鏈中的品質與 JIT 的保證，就不可能執行精益生產）。

如何開始精益？首先，在工廠逛一逛，以敏銳的眼光進行觀察，看看不同的零件如何互相影響，並且要注意有無浪費。浪費有許多形式，當生產的量超過所需，或在確定需要之前逕行生產，就是浪費。因此，存貨和任何無法爲產品加值的東西都是浪費；等待機器運作、不必要的運輸，就是浪費；製造不良品，就是百分百的浪費。不要在事後偵測瑕疵並進行修復，亡羊補牢並不可取——要事先預防。如果你不訓練員工，並加以賦能，你就是在浪費他們的時間和技術；如果你向顧客提供品質低落、不能爲顧客加值的東西，你就是在浪費他們的時間和金錢。

在醫療保健業，精益原則可保證減少或剔除時間、金錢與精力的浪費。

James Womack, 2005

精益生產涉及許多技術，例如 JIT、SMED、看板、全面生產力維護、5S（秩序與整潔）及改善（漸進式改良）。精益生產專業人員警告道：不能「撿櫻桃」（cherry-picking，意指「什麼都要最好的」），因爲沒有所謂完美的方案存在，而你需要做的是遵守精益五原則：

1. 說明價值——在確認及創造價值時，要嚴謹地將焦點放在顧客身上（而不是股東、資深管理者、政治權宜之計或其他）。
2. 確認價值串——檢視所有產生價值的活動，並確認這些價值如何反映到產品上。
3. 流程——只有在達成上述二步驟後，才能使流程順暢、不受干

精益術語

自動化（Autonomation）	具有人性的自動化。半自動化程序是指作業人員與機器一起運作。
平衡式生產（Balanced production）	所有的作業都有同樣的週期時間。
錯誤驗證（Error-proving）	從產品或製程中找出錯誤的原因。
改善（Kaizen）	漸進式改良。
看板（Kanban）	利用集裝箱、卡片或訊號來儲存即時訊息，而非預測。
剛好及時（Just-in-time, JIT）	在一開始製造作業時，就在所需要的時間內獲得零件。
錯誤減少（Error-reducing）	能夠協助減少或剔除作業人員出錯的任何機會。
Muda（源自日文漢字，無駄）	浪費。
一件流程（One-piece flow）	每次只生產一單位，而不是大批次。
防呆（ポカヨケ，Poka-Yoke）	錯誤減少的技術。
節拍時間（Takt time）	可滿足顧客需要的生產步調。
價值串流映象（Value stream mapping）	產品在經過製程時決定其加值。

擾。

4. 顧客的拉策略——依顧客需要，將他們「拉」到你這裡購買產品，而不是由你將產品「推」向他們。
5. 追求完美——伍麥克與瓊斯說道：「在提供顧客真正需要的產品時，減少努力、時間、空間、成本與錯誤的過程是永無止盡的。追求完美是第五個也是最後一個原則，不是一個瘋狂的想法。」

29 學習型組織

The learning organization

時代正以飛速的腳步前進，人們可以有的選擇越來越多了，對於生活的要求也越來越高了——我只要我想要的，而且現在就要，但明天也許我會要一些不一樣的東西。當市場變得越來越歧散、變化越來越快的時候，企業必須能夠跟得上才能生存。這就是爲什麼工廠內的持續改善現在會以持續改變這個名號在全公司推行。荷蘭作家及前公司企畫古斯（**Arie de Geus**）說道：「不斷地重新思考目標和方法，是競爭優勢最重要的來源。」但個人只能從學習中進行改變，所以學習是未來的資本。

學習型組織，與將員工訓練得很好的組織並不一樣，雖然它也將員工訓練得很好。組織本身會超越組織內的個人自我學習與不斷學習。麻省理工學院講師彼得聖吉（Peter Senge）在組織學習上曾下過功夫。在他 1990 年的著作《第五項修練：學習型組織的藝術與實務》（*The Fifth Discipline: The Art and Practice of the Learning Organization*）將此類組織描述成「員工不斷地擴展其能力來創造他們眞正想要的成果，並孕育廣泛的新思考模式。整體的抱負是自發性的。人們會不斷地學習，共同期望整體結果。」聽起來不錯，但如何做到？聖吉列出了創造學習型組織的障礙，其中之一是「我只在這個位子上」症候群，也就是對公司內其他地方發生的事情毫不關心。另外一個障礙就是「敵人在那

歷史大事年表

1911
賦能
創業家精神

1958
系統思考

裡」，「在那裡」和「在這裡」是一體兩面。對事件的執著，例如季盈餘或競爭者的新產品，會導致自我盲目而忽略了眞正的威脅，例如設計品質的相對退步。雖然我們可以從經驗中學習，但我們仍然無法直接經歷到，自己的決策對公司其他地方的影響。最後，員工，尤其是管理者之間，互相溝通的方式通常是防衛性的、反應式的，雖然常用「前瞻式的」來掩飾。哈佛大學教授阿吉里斯（Chris Argyris）是提出組織學習的第一人，曾深入研究「無效」知識在組織內散佈的情形。

> 學習型組織是有可能達成的，因為在內心深處，我們都是學生。
>
> *Peter Senge, 1990*

五項修練 每個人都能學習，但許多組織的環境與結構並不鼓勵反省與參與。如果你問人們，成爲偉大團隊的一份子是什麼感覺，他們的答案常令你驚奇：「有意義的經驗。」聖吉提到，「眞正的學習來自人們的心中。」他指出學習型組織的五項修練：

1. 系統性思考——看到整體、事情之間的關連性。這表示要知道，今日在此地所做的某件事情，會在某地方、若干時間之後產生效應。
2. 個人專精——這是聖吉對個人成長及學習這項修練的用語。個人專精是以能力與技術爲基礎，以創造式（主動式），而不是反應式（被動式）的方式來生活。具有個人專精的人會覺得學然後知不足，就是因爲有這種精神，學習型組織於焉誕生。
3. 心智模型（心態）——對於世界如何運作、某人眞正的個性的內心感受。心智模型會影響我們所做的事情，因爲它們會影響我們所看到的事情。如果你認爲小明工作不力，但是你不計較。但當他犯了第一個錯誤時，你就憤怒地說：「你看，他就是工作不力。」小明得知之後，便不再努力工作。他不是能力不足，只是一時情緒低落而已。多年來，在通用汽車的基本假設（心智模型）中，汽車是地位的象徵，因此風格會比品質重要。心智模型本身並無好壞之分，但它們必須常被認明與檢視。

4. 建立共同願景——它是強而有力的力量，而不是構想；它是「我們想要創造什麼？」的答案。當人們眞正分享願景時，他們就會連結在一起，而工作會變成追求更遠大目標的墊腳石。共同願景是重要的，因爲它提供了學習的焦點和精力。
5. 團隊學習——配合與開發團隊的能量，來創造其成員所冀望的成果。所謂「三個臭皮匠，勝過一個諸葛亮」，而團隊要學習到如何「具有洞悉力的」來思考複雜的議題。他們會培養共同的「在作業上的信任」，同時，如果他們是資深團隊，便會將其實務經驗傳授給其他正在學習的團隊。開放式溝通與討論在團隊學習上扮演重要角色。

說他們想要聽的

組織學習的核心部分就是同事之間相互溝通的方式。對大多數的員工而言，「溝通」遏止了他們的，以及公司的學習能力。根據組織行為大師阿吉里斯的看法，公司有兩種類型：模式一與模式二。

在模式一的公司裡，人們只是表達或者揭露公司文化認為適當的資訊。他們會避免正面衝突。如果你認為在會議中宣布某件壞消息會受到處罰，或者會羞辱到某人，你就會三緘其口、瞎掰或欺騙。所以組織會得到「無效的」資訊，以致於無法偵測和矯正錯誤。阿吉里斯認為，偵測和矯正錯誤就是學習的精華所在。

模式二的公司會處理有效的知識，因為它們會找出針對議題的方法。人們不怕表達衝突的觀點，並被鼓勵要對別人的意見當眾提出質疑、評估。因此錯誤一旦浮現，就可以立即處理，即使在目標及策略層次。悲哀的是，根據阿吉里斯的看法，很少有模式二的公司。

領導者所需 順便一提，聖吉的「第五項」修練實際上是系統性思考。他認爲，系統性思考是其他各修練的基礎，而領導者在這些修練中扮演重要角色。事實上，聖吉認爲學習型組織需要對領導有一個新觀點。傳統的領導理論假設人們是無能力的，並缺乏個人願景，因此不能駕馭改變的力量。只有領導者——甚至只有偉大的領導者才能夠做到。然而，學習型組織的領導者必須設計整體目的、願景及核心價值，並設計必要的政策、策略及系統，進而將這五項修練整合起來。他們必須是願景的領航者，而不是所有者。他們必須是模範教師，能夠鞏固每個人的願景。

防衛式組織是反學習的，而且是被過度的保護。

Chris Argyris, 1992

如果某一個有關領導的構想可以鼓舞組織，時間長達數千年之久，它就是對未來共同的願景。

Peter Senge, 1990

將以上的東西整合起來，就可以產生扣人心弦的願景，而「學習型組織」會出現在更多的使命陳述。公司能眞正符合聖吉的論點嗎？爲數不多！顯然，團隊建立已經普及，而有關學習型組織的課程也大受歡迎。但要全盤採用這些構想，可能跳得太大步。聖吉畢竟超前時代許多。

30 長尾
The long tail

人們在1990年代常說，網際網路改變了每件事情。它的確改變了許多事情，其中之一，根據長尾理論，就是隨著時間從每個小型利基市場賺錢的能力。

> 「一個尺寸打通關」的時代已經結束，而且被一些新東西，也就是多元市場所取代。
>
> *Chris Anderson, 2006*

曾經有段時間，有利可圖的利基市場非常普遍，但是大量生產、大量行銷的年代卻把它淘汰掉，特別是在消費者市場。企業的合併造就了許多強而有力的零售商，它們選擇囤積能夠大量銷售的產品，並因此減少產品的多樣性。在這種情況下，許多小型的生產者紛紛被淘汰。

在媒體、娛樂業（如書籍、音樂出版及影片製作），這種現象特別明顯。我們生長在暢銷品、熱門產品、轟動性產品充斥的年代。長尾的論點是：在網際網路時代，利基產品（譯註：只針對利基市場的產品）不僅可以生存，而且其累積銷售可以等於或超越熱門產品。

提出長尾理論的人是安得森（Chris Anderson），他是Wired雜誌的主編。2004年，他有一些奇想，並把這些想法登在雜誌上，後來將

歷史大事年表

1897	1950年代早期
80:20法則	通路管理

這些文章集結成書籍出版。不論文章或書籍都稱爲《長尾》，而這二者都提到《接觸虛無》（*Touching the Void*）的故事（此書爲有關登山的書）以及其如何在出版 10 年後才聲名大噪，原因是亞馬遜網路書店不斷地推薦，再加上類似書籍的暢銷。安得森寫道，這不僅是因爲線上銷售能吸引人的緣故，而是「在媒體與娛樂業上，這完全是一種新經濟模式的範例，而此模式正開始展現力道。」

安得森的長尾理論

虛擬倉庫

零售商在線上銷售的產品，會比實體商店更具有多樣性。有些零售商現在採用「虛擬倉庫」，也就是產品儲存在伙伴的倉庫，但在自己的網站展示並銷售。

讓消費者做事

「同儕生產」（peer production），也就是讓廣大的人們免費貢獻不同專案，這就是 eBay、Wikipedia、Craiglist 與 MySpace 的作法。使用者提供的評論是值得信賴的。它不是外包，而是「群衆貢獻」（crowdsourcing）。

一個尺寸不見得適合所有人

「微型大量生產」（microchunking）會將內容分成若干組件（例如 CD 唱片用歌曲來分、報紙用個別文章來分、烹飪書籍用個別食譜來分）。一個尺寸只適合一個人，許多尺寸適合許多人。

一套價格不見得適合所有人

在這個種類繁多的市場，採用浮動定價可以極大化產品的價值和市場規模。

分享資訊

以最佳銷售、價格、評論加以排序。透明性可在不費成本之下建立信任。

相信市場會做你的工作

在匱乏的市場，你要預測什麼會銷售得好；在豐饒的市場，你可以展示所有的產品，然後再看什麼產品銷售得最好。

> 我們的願景是建立一個場所，來尋找與發現我們顧客可能需要的任何東西。
>
> *Jeff Bezos*（亞馬遜創辦人）

亞馬遜執行了兩項重要的功能。其中之一就是它協助散播有關書籍及其他資訊，更重要的是，它實際上儲存了這些書。對實體商店而言，貨架空間是相當有限的，所以他們所儲存的就是實際能銷售的東西。對虛擬商店而言，亞馬遜可在某處建立一家大型倉庫，所能銷售的書籍比傳統商店多得多，再加上數位書籍或專輯，存貨空間會大得不得了！

98% 法則　這對銷售的型式會有顯著的效應。麻省理工學院教授布因喬夫生（Erik Brynjolfsson）所領導的研究團隊企圖找出，亞馬遜銷售與亞馬遜銷售排行之間的關係，發現亞馬遜銷售的大部分書籍來自於傳統商店不銷售的書籍。

安得森描述了另外一個有關 Ecast 的故事。Ecast 所經營的是全美各酒吧及俱樂部的數位式觸摸螢幕點唱機。在 10,000 片唱片中，每季至少能「銷售」多少歌曲？如果你相信 80:20 法則，你的答案會是 20%，但正確的答案是 98%。安得森認爲「98% 法則」（加減少許的百分點）可用在其他的線上經營者，例如亞馬遜、音樂零售商 iTune 與 Netflix（它經營影片出租）。在此立即擁有的世界，幾乎每件事情消費者都會看——對學習行銷 4P 的學生而言，他們會對「配銷」有新的看法。如果以線上銷售／下載的銷售量爲縱軸，以實際實際書籍或產品爲橫軸，就可以繪出一個圖形，此圖形的左上方非常高，然後隨著橫軸迅速下降，越到右邊越平坦。

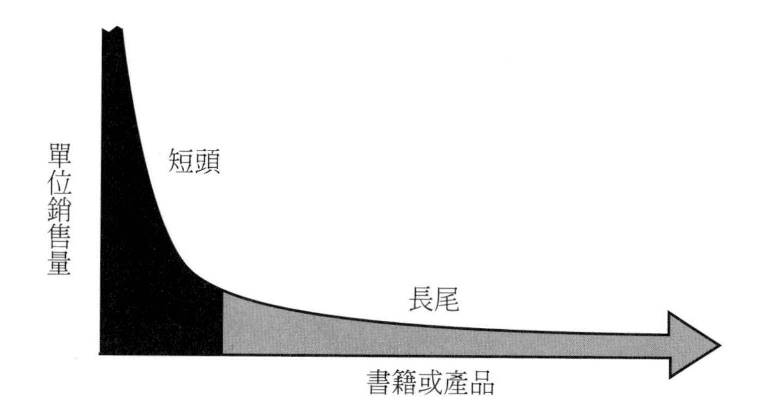

在延伸的、平坦的部分就是冪次法則尾，又稱柏拉圖尾（依據柏拉圖 80:20 法則命名）或長尾。集結在左邊的暢銷書就是安得森所謂的「短頭」（short head），在書籍風行的短短夏天，有很大的下載量。另一方面，尾巴可以延伸到涵蓋十萬種產品，但每年下載的次數越來越少。這些長尾產品在價值上終究可匹敵短頭產品。

> 當你能大幅降低連結供給與需要的成本時，改變的不僅是數字，而是整個市場的本質。
>
> *Chris Anderson, 2006*

安得森指出，在創造長尾事業時，要記住兩個大原則：

1. 讓所有東西都是可獲得的
2. 幫助人們找到它

他認為，除了媒體與娛樂業，長尾的效益可應用到許多產業。他以丹麥玩具製造商樂高（Lego）為例，一般而言，傳統的玩具店會儲存數十種樂高產品，連鎖式塑膠磚塊等。樂高的線上郵購服務大概囤積了一千種產品，而且排行在前面的暢銷品只有幾種會在實體商店銷售。孩童也能夠設計自己的產品，然後貼在網站上銷售。

攪拌器，如 KichenAid，也有長尾現象。商店通常會儲存三種顏色的 KichenAid 攪拌器——黑色、白色以及只有實體商店有賣的產品顏色。雖然它可提供50種顏色，但零售商在選擇上還是非常保守，所以每年只有六、七種顏色的產品在傳統市場銷售。現在，公司在線上銷售所有顏色的商品；由於長尾的出現，它們可以銷售得很好。2005年，銷售得最好的商品顏色是任何商店都不曾銷售過的——橙色。

【核心觀念】利基市場的再度出現

筆記欄

31 忠誠
Loyalty

管理顧問投入了大量的時間去尋找較好的管理構想，並發掘企業實務與利潤之間的因果關係。瑞奇海德（Frederick F. Reichheld）與他在貝恩策略顧問公司（Bain & Company）的同事，在確認顧客保留、成長與利潤的關係時，發現了關鍵因素。他們稱此關鍵因素爲「忠誠」。他們也發現到，在績效卓越的公司裡，此關鍵因素與員工忠誠、投資者忠誠是分不開的；它們彼此之間會互相強化。

記得那些你不曉得應該放在哪裡，和從哪間店獲得的集點卡和忠誠方案嗎？要怪就怪瑞奇海德吧！忠誠方案並不是新鮮事，但在1996年《忠誠效應》（*The Loyalty Effect*）一書中，瑞奇海德將忠誠方案變成公司的競爭必需品，尤其是對竭力將構想付諸實現、保有最佳顧客的公司。對於那些認爲忠誠已經滅亡（好像貞節、禮節一樣）的人來說，瑞奇海德堅持「忠誠」不僅活著，而且活得好好的，還成爲衡量價值創造的指標。某年齡層的人士，應該會記得綠色郵票。它是在1896年傳入美國，之後以綠色盾牌的名義傳到英國。依購物者所花的金錢多寡，他們會得到店家給的綠色郵票，然後他們就可以將這些郵票貼在書上，來交換禮物（例如烤箱、眼鏡）。1980年代，這套作法沒落了。但其發明者史皮瑞與哈慶森（Sperry and Hutchinson）至今還在網站上，經營

歷史大事年表

1896	1924
忠誠	市場區隔化

綠色點數（Greenpoints）方案。

> 公司一旦瞭解顧客、員工與投資者的忠誠度是互相關連的，其管理團隊就可利用忠誠來替價值創造程序打開一扇新門。
>
> *Frederick F. Reichheld, 1996*

美國航空公司的作業也仿照綠色郵票方案。這個方案稱爲忠誠行銷方案，也就是在 1981 年實施的 AAdvantage 飛行哩數計畫。自從那個時候開始，這種方案的數目越來越多，而且在「獎品」的範圍上也越來越「有野心」。

長久以來，許多公司不斷思考保留顧客的創新方法，但都承認這不是件容易的事。企業瞭解，要重視長期顧客，部分原因是顧客待得越久，保有他們的攤銷成本就越低，而且他們也比較不可能離開公司；他們也比較傾向於說公司的好話，並會購買一些附屬品。同時由於他們已是「熟門熟路」，所以公司在應付長期顧客方面，會比較快、比較不費成本。

瑞奇海德與其團隊所做的，就是將顧客、員工與投資者的忠誠視爲卓越績效的核心。雖然這三個群體不會呈現在資產負債表上，但卻是公司最有價值的資產。他指出不忠誠的數據：每年大約有 10-30% 的顧客「變節」，大約有 15-25% 的員工離職率，而投資者的轉換率約爲 50%。他問道：「如果公司內有 20-50% 最有價值的資源憑空消失而且也追不回來，我們怎麼期待管理者會賺取利潤？」

價值指標　瑞奇海德認爲，企業最基本的使命不是在賺取利潤，而是創造價值。但利潤是一個重要的成果，只要你開除員工，就可以操弄利潤。減薪和加價會增加盈餘，但對員工與顧客忠誠會有負面效應。「企業能夠保有顧客與員工忠誠的唯一方法，就是提供卓越的價值，高度的忠誠就是實際創造價值的證明。」

忠誠卡

忠誠卡在最不可能的地方出現。麥斯威爾咖啡會在你購買的每一罐咖啡以「公司點數」(House points)的給予做為報酬;據報導,護髮與護膚產品製造商露得清(Neutrogena)也在籌備忠誠卡,而美國全國籃球協會也是。

企業常以產品或服務的折扣來獎勵顧客的忠誠,以期望他們能帶來令人滿意的成果。美國忠誠方案的研究者崔茲(Xavier Dreze)曾提到「嬰兒俱樂部」(Baby Club)方案,透過這個方案,公司的嬰兒用品銷售業績在六個月內平均增加了25%。崔茲與其研究同事農斯(Joseph C. Nunes)也針對發卡業者進行研究並發現,依方案設計的方式不同,獲利的情況就會不同。

例如「推進效應」(Endowed Progress)來說,累積點數會使顧客更努力蒐集點數以獲得獎勵。這項「任務」要購買八次才能夠獲得資格。然後要通過十關才會獲得獎勵(公司只獎勵前二名顧客)。大多數顧客都會覺得已完成部分「任務」,如果再放棄實在可惜,所以會撐到最後。學者指出這種方式會提高任務完成的可能性,及所需時間。

有些顧客認為蒐集點數是令人興奮的事情,雖然這些點數不能交換金錢。雅虎知識會對提供正確的答案的人給予點數,並以點數高低排名。人們會花時間蒐集點數,只是為了擊敗他人的樂趣。

瑞奇海德的忠誠效應在企業內發揮了作用。由於可以獲得與保有最佳顧客,公司的利潤與市占率都增加了。在這種情況下,公司對新顧客會有更的選擇性。公司持續的成長表示,它可以吸引最佳員工。透過卓越價值的提供,員工的滿足感增加了。當員工知道其長期顧客可提供更高的價值時,就會互相強化忠誠度。

> 忠誠的員工有時是顧客推薦的主要來源。
>
> *Frederick F. Reichheld, 1996*

這些忠誠的員工會在工作上學習到如何降低成本、改善品質、增加價值及提高生產力。生產力提高所帶來的盈餘,可提高員工的報酬、購買更好的工具、提供更佳的訓練;生產力越高,報酬就越高,忠誠度也變得越高。生產力的提高,再加上對待忠誠顧客的效率提升,就會獲得競爭者很難得到的成本優勢。持續的成本優勢,以及穩定的顧客成長，會產生利潤，而這些利潤足以吸引和保有正確的投資者——也就是忠誠的這一型。

瑞奇海德認為，忠誠投資者的行為就像是事業伙伴，但這並不表示他們不苛求。「他們穩定了系統（事業經營）、降低了資本成本，並且確保適當的現金會再回流到企業內，以提供投資所需要的資金，進而提升公司的價值創造潛力。」

破壞性的利潤 在這種系統中，利潤並非站在舞台中央（譯註：利潤不是關鍵），雖然它像燃料一樣，可以改善價值創造，並且是保持忠誠的誘因。在這種情況下，獲得利潤是合乎道德的。但是雙眼緊盯每季業績，唯利是圖是「有破壞性的」。這種利潤不是來自於價值創造或價值分享，而是來自於剝削資產，或使資產負債表在表面上變得好看。

> 企業，尤其是大型企業，在決定要尋找和保有何種顧客方面，會顯得非常懶散。
>
> *Frederick F. Reichheld, 1996*

但是要分辨上述二者並不容易。方法之一就是衡量三種忠誠度（譯註：就是員工、顧客、投資者的忠誠度）。如果「變節」（不忠誠）是低或越來越低的，則利潤是「合乎道德的」，如果不是，公司可能在清理債務，而其長期價值被破壞殆盡。

不是每個人都同意上述的說法。有一派人士認為，其他條件不變下，大多數的顧客會一直購買最低價的產品。不可否認的，瑞奇海德會稱他們為「破壞性的預言者」。

【核心觀念】「保有」比「尋找」好

32 目標管理
Management by objectives

目標管理是如此經典的原則，以致於不關心企業的人也知道這個術語。它是由聲名最歷久不衰的經典商業思想家彼得•杜拉克（Peter Drucker），在其1954年的經典之作《管理實務》（*The Practices of Management*）中所揭櫫的理念。

目標管理（MBO）涉及你能否確實做到「見樹又見林」。杜拉克注意到，管理者會被嵌入在他所謂的「工作陷阱」（activity trap）中，被每日的工作所羈絆，因此忽略了要從事這些工作的理由。目標管理會讓你專注在成果而不是在活動上。這就是它爲什麼有時被稱爲成果管理的原因。

杜拉克告訴我們，設定目標是管理者五項作業的第一項（其他四項爲組織、激勵與溝通、衡量、人員發展——包括管理者自己本身）。目標管理的關鍵因素之一，就是不論職位的高低，所有的管理者都要瞭解目標並同意這些目標。當每個人都有其特定目標並彼此配合，加上達成目標的進度會被鼓勵、衡量；以及如果有需要做出調整時，企業就可以透過有限的必要資源，獲得最佳可能的成果。

目標管理流程開始於替整個組織進行檢討與設定首要的目標。第一

歷史大事年表

1911 賦能

1920 分權

步就是讓董事會界定公司整體目標，然後決定哪一個特定的管理任務是達成這些目標的必要條件，而且由誰負責。這些任務要再加以分析，以決定成功的必要因素是什麼，以此類推。在這種方式之下，次要的目標與標的，在組織中就會像瀑布一樣「順流而下」。

然後，每一個瀑布式的目標必須被界定，而且也要擬定支援性的行動計畫。如果員工眞正地能致力於他們所同意的目標，就會分享或參與界定目標的過程。由於這是目標管理，而不是活動管理，管理者必須同意部屬的「目標契約」（contract of goals），而不是詳盡的指示工作應如何完成。杜拉克寫到：「管理者必須被績效目標所支配和控制，而不是他的老闆。」

在我們生活的複雜社會組織中，組織——也就是管理組織的「專業人士」，必須為共同的幸福肩負起責任。

Peter Drucker, 1978

因此，目標管理涉及授權，同時也表露了賦能，至少對資淺的管理者是如此。它假設管理者擁某種特定能力，可應用在今日的多國公司以及它們的國際子公司上。多國公司的總部認爲，區域經理具有當地的本土知識，再加上相互同意的目標，就放手讓他們去達成。這也是英國石油公司和事業單位負責人訂定「契約」的作法。

策略連結　在這種方式之下，目標管理結構應可在高層策略與較低階層的執行之間，建立一個直接的連結。爲了要使整個程序步入正軌，應定期監視達成目標的進度，並評估員工績效。評估要伴隨著回饋。杜拉克認爲，回饋是指當你採取某關鍵活動，或做某重要決策時，你應該寫下你所期望發生的事情。然後，在開始有成果時，你要定期檢視並比較期望與實際發生的事情。這個回饋可用來決定你擅長或不擅長什麼、你要改變什麼，以及你要加把勁的是什麼。

達成者（也就是達成目標的人）就會被獎勵。在目標管理的原始版本，未達成者會被處罰。杜拉克在1940年代在奇異公司的工作奠定了目標管理的大部分基礎——未達成目標的管理者會被炒魷魚。

> 在知識導向的組織中，所有的成員必須要能夠透過以成果回饋目標來控制其工作。
>
> *Peter Drucker, 1993*

目標管理的缺點之一，就是目標的設定與修正會產生大量的文書作業，而且也相當曠日廢時。另外一個缺點在於，由於太依賴目標本身，因此選擇目標（也就是在本質上會成功的智慧目標）是非常重要的。在1980、1990年代，SMART變成了目標管理目標品質的同義字。目標必須是：

S（Specific，特定的）—— 模糊且一般性的目標行不通。

彼得・杜拉克（1909-2005）

「想一想今日最時髦的任何管理構想，有很大的可能是在你出生前杜拉克所寫的東西。」這就是韓迪（Charles Handy），同樣也是優良的商業思想家，有一次介紹他們尊稱「管理學之父」—— 杜拉克時的描述。他一點也不誇張。像分權、民營化、知識工作者與全球化 —— 我們耳熟能詳的術語 —— 這樣的觀念的首度出現是在杜拉克好問的腦中。

杜拉克出生於維也納，在希特勒的鐵蹄下度過20年。在1939年移居美國前，曾在倫敦短暫工作。7年後，他出版了《公司的觀念》（*Concept of the Corporation*）一書，書中詳盡地描述了通用汽車及其管理，並對企業在社會的角色提出質疑。這就是典型的杜拉克 —— 不信任大政府與毫無節制的市場力量。他相信，好的管理及其範例可以拯救世界。

他對泰勒（Frederick Taylor）的裝配線有許多批評，並認為應將員工視為資源 —— 腦力工作者 —— 而不是成本。但是他不太擁護賦能、管理控制。他喜歡介於無政府主義與被壓抑的創造力之間的中庸之道。

杜拉克的興趣遠超過商業世界 —— 他對政府的行為以及自願性組織非常著迷。事實上，在他撰寫的35本書中，少於一半是關於管理的。他不在乎被稱為「管理大師」，尤其是當他觀察到新聞記者用「大師」（guru）這個字，是因為「江湖騙子」（charlatan）這個字當作標題會太長的緣故。

M（Measurable，可衡量的）——目標必須量化。

A（Achievable，可達成的）——不太容易，但非不可能達成。

R（Realistic，實際的）——提供所需資源。

T（Time-related，有時間限制的）——設定到期時間。

沒有一位稱職的管理者會建議不設定目標。但經典的目標管理（完整的理論）並沒有被實際應用。在今日，人們越來越能接受整體性的系統思考，然而目標管理觀念被視爲太直線（一板一眼）、太忽略脈絡（實施的氛圍）與人的本質。它也不太適合於腳步快速的資訊時代；在這個時代，假設和目標的改變，很快地會使昨日的規劃變得老舊過時。

獎勵達成者及直接或間接處罰未達成者的成果導向管理，會扭曲團隊建立的效應、打擊士氣，甚至使倫理淪喪，尤其是當員工「爲數字而工作時」。就像其他具有影響力的管理構想，目標管理有時會遭遇到過於嚴苛的批評。杜拉克不會介意，但會爲此理論重要性的被輕忽而痛苦不已。某報導引述他說的話：「這只是另一個工具而已」、「它不是治癒管理上無效率的良方……你要知道目標，目標管理才能運作。但是90% 的時間，人們不知道目標是什麼。」

33 市場區隔化
Market segmentation

這幾天，有人在部落格上大放厥詞說，大眾市場已經滅亡。大眾媒體，也就是大眾市場的心電圖，自從 **1970** 年代以來，不斷地流失觀眾和讀者（至少在發明大眾市場的美國是如此）。然而，近年來新媒體的充斥更加速了大眾媒體衰亡的腳步。市場區隔化（大眾行銷的相反）的效應也縮小到只針對個別消費者（譯註：這就是一對一行銷）。

大衆市場（mass market）是由如西爾斯、杜邦、奇異等美國公司所創造。當時正是美國鐵路、電報被大量使用的年代。在 1880 年代到 1920 年代間，大衆市場發展得非常快速。另一方面，大衆行銷（mass marketing）自 1920 年代以來大行其道。當時正是「聲音接收裝置」——收音機普及的年代。在二戰稍前，電視才出現在市面上。於 1960 年代，在 ABC、CBS、NBC 上同時播放廣告，可以接觸到 80% 的美國婦女。

> 生活形態是生活在整個社會或某市場區隔的特性。
>
> *William Lazar, 1963*

早期的大衆行銷並不複雜，而且是平等主義者。它會傳遞同樣的訊息，並向每個人銷售同樣的產品。區隔化主義則認爲人們並不全然相同，他們有不同的需求、志向和荷包。這些情形是通用汽車在 1924 年所確認的，那時候它爲「每一個錢包和目的」製造不同的

歷史大事年表

1450	1886
創新	品牌

汽車。通用汽車是區隔化的鼻祖，以收入做為區隔變數。

「不同的偏好」 直到 1956 年以後，史密斯（Wendell Smith）才在《行銷期刊》（*Journal of Marketing*）中的「產品差異化與市場區隔化——備選的行銷策略」一文中提到市場區隔化的概念。他寫道：「市場區隔化涉及為了因應不同的偏好（源自於顧客對於不同的需求要獲得完全滿足），將異質市場看成是許多較小的同質市場。」史密斯是收音機與電視製造商 RCA 的市場研究主管，所以他的興趣不完全是學術性的。

自從史密斯的時代以來，顧客的需求已從「想要有鄰居所擁有的」演進到「滿足自己的特殊需要」，而區隔化已經以顧客為基礎，被細分成許多層級。1963 年，拉薩（William Lazar）將個人與群體的生活型態的觀念，介紹到行銷領域。生活形態涵蓋態度、價值、意見和興趣。在尋找經仔細界定和適合的顧客時，經典的區隔化首先將整個市場區分為消費者市場和工業市場。然後再以四種變數將消費者市場細分成小市場：（1）人口統計變數：包括年齡、性別、家庭大小、生活型態、社會階層、教育、所得、職業與宗教；（2）地理變數：包括地區、國家、都市或鄉村、氣候；（3）心理描繪變數：包括生活型態、價值、意見與態度；以及（4）行為變數：包括所尋求的利益、品牌忠誠、誰做購買決策。商業客戶的區隔變數包括位置、商業型態、規模、使用率、誰做購買決策、如何做購買決策。一經確認某區隔後，就要確信它值得你花時間和努力來擬定行銷組合策略。每個市場區隔都要有這些特性：足量性、獨特性、獲利性、可接近性、反應性。不當區隔化的代價是很昂貴的。

在這個新式的「一人市場」中，我們會互相交談，交換對產品的意見。行銷比這些對話無趣多了。

Adriana Cronin-Lucas, 2003

（部落客）

區隔化的觀念變得如此普及，因此要找到一個完全針對大眾市場的公司的確不容易。寶鹼公司的汰漬洗衣粉是至少半世紀以來最熱賣的品牌；該公司宣稱自己並沒有針對大眾市場的品牌，每一個品牌針對一個目標市場。麥當勞也不是大量行銷者，雖然它承認自己是「大的」行銷者。諷刺的是，有一家公司至今仍然自稱爲「大眾市場的製造商」，這家公司就是 RCA。

將行銷「拉」向你 「大量客製化」（mass customization）可讓顧客選擇標準產品的各種變化。雖然不是所有的公司對此策略都有快樂的經驗，但戴爾在個人電腦業卻將此策略運用得淋漓盡致，型錄零售商 Land's End 可依顧客提供的尺寸，製作客製化的衣服。微型行銷（micromarketing）通常稱爲一對一行銷（one-to-one marketing，相對於一對多行銷），會利用電子郵件與網站來連結顧客的偏好。當網頁上寫著「購買此產品的人，也購買……」就是在做微型行銷。只要你指明要定期被「餵」什麼資訊，RSS 網站就會將行銷「拉」向你。〔譯註：RSS（Real Simple Syndication）是一種網頁資料交換技術架構，也是一種用來分發和匯集網頁內容的 XML 格式，您可以想像您可以訂閱許多您有興趣的資訊來源，但是不用留下基本資料、電子郵件信箱……，對於 RSS 的訂閱者而言，可以最快得到最新訊息以及頭條新聞。而不用被動式地去每個網站上去搜索。〕萬維網給予利基品牌一個可以與大眾品牌競爭的平台，同時也與網友們建立起溫馨的關係。

「付費式尋找」是另一種形式的「自己選擇式」行銷，也是線上廣告最快速成長的一種形式。當你使用搜尋引擎時，會出現「主辦者連結」或廣告。最高標的廣告主會出現在清單的最前面，並且最常被點選。每當被點選時，廣告主就要付費給搜尋引擎，這就是付費點選（pay per click）。在英國，谷歌被預測在 2007 年可獲得最高的廣告收入，這是大量行銷的指標。一個老掉牙的廣告公司寓言，就是關於某行

光輝的 50 年代

市場區隔化是行銷演進的里程碑，從早期的直覺一直到成熟的、文件記錄完整的學科。就像市場區隔化一樣，許多行銷里程碑是在 1950 年代形成的（在那個年代，電視剛出現，而電視廣告正逐漸普及）。在這之前，大多數公司的「市場」就只是它銷售並盡可能賣出產品的地方。1950 年代，波登（Neil Bordon）提出了行銷組合的觀念，認為成功的銷售涉及像是產品規劃、定價、品牌管理與配銷等這些元素 —— 也就是 4P 的前身。

大約在同時，有人將「產品生命週期」與「品牌形象」的觀念再加以精緻化。奇異公司總經理麥奇特瑞克（John McKitterick）整合了這些觀念，並於 1957 年的演講「行銷管理的觀念」中提出了「行銷觀念」。他對行銷觀念的看法是，「顧客導向的、整合的、利潤導向的」企業經營理念。

舒曼（Abe Schuman）於 1959 年提出了「行銷稽核」這個術語。它是有系統的檢視銷售、行銷、客服，甚至相關作業的每個層面，以瞭解這些活動如何在成本 —— 效能的前提下，協助組織達成目標。在 1960 年代，李維特（Ted Levitt）的「行銷短視」的概念一連串發表時，行銷早已紮根，如果不是在實務上，也是在理論上。

銷經理的故事 —— 他說他浪費了 50% 的廣告預算，但他並不知道是哪一個部分的 50%。不論他身在何處，他一定喜歡數位式的網路廣告，因為網路廣告可說服他金錢花得多有效，以及有關顧客的寶貴資訊。說服越來越像是科學，而不是藝術。

34 合併與購併

Mergers and acquisitions

在總公司的辦公室裡聽到惡意收購著實令人震驚。一時之間，執行長的套房變成了競選戰時的帳篷，而行色匆匆的顧問、戰爭委員也不時提出各種戰術。對喜歡戰爭風格的領導者而言，這和當將軍沒有兩樣——擬訂計畫、發動奇襲、納降、贏得勝利。然而，惡意收購逐漸變得不時髦，但對各類型的企業而言，購併（如果沒那麼戲劇性）卻是合理的策略選擇。

除非是開除一半員工或宣告破產，否則合併與購併，會比大公司所做的其他事情，更能吸引大眾的注意。一般而言，合併與購併發生於某公司獲得了另一公司的所有資產與負債。合併與購併有何不同？差別不大。眞正的合併是兩家相同公司的聯姻，並把股份彙集在一家新公司，而這很少發生。汽車製造商戴姆勒——賓士（Daimler-Benz）和克萊斯勒（Chrysler）於1998年在對等的情況下合併，所成立的新公司稱爲戴姆勒克萊斯勒（DiamlerChrysler）。即便如此，美國評論家抱怨這是事實上的（de facto）接管：由德國的管理當局發號施令，而且現在它在準備賣掉克萊斯勒。

與戴姆勒克萊斯勒合併案不同的是，大多數的合併是明顯的接管，其中某一公司的名分消失了，如果不是馬上消失，也是經過一段時間就會消失。「合併」這個字眼只是一個顧全體面的外交手腕。不論形式爲

歷史大事年表

紀元前500年	1897
戰爭與策略	合併與購併

何，合併有一個重大的動機：使一加一等於三。有人稱此爲綜效或加值，但最後歸結到創造一個事業，並使其價値大於部分事業的總和。然而，結果通常並不如意。

上與下，或側面　傳統上，有三種類型的合併。水平式（horizontal）合併是指購併在同一產業的企業，這是快速增加市占率的方式。垂直式（vertical）合併涉及垂直整合，也就是買下供應商或配銷通路成員，其目的通常是控制成本。最後，就是美國通行的集團式（conglomerate）合併，也就是廠商以多角化的形式買下不相關的事業。

現在是我們所有人——贊成與反對合併的人——為公司利益團結合作的時候。

Carly Florina, 199

（惠普前總裁，在公司與康柏合併時所發表的談話）

買者尋求的綜效會在不同的地方呈現。最普遍的就是剔除了重複現象進而降低成本。僅僅關掉一個總公司辦公室，就可以節省大量的金錢；兩個人資部門可以合併成一個；同樣的，會計與財務部門，甚至行銷、研發部門也是如此。但這有醜陋的一面，因爲大多數的成本節省來自於辭退員工。

雖然剔除重複現象可以應用到大多數的合併，但在水平式接管中最容易做到，因爲兩家企業可能有很多一樣的部門。下一個綜效——規模經濟也是一樣：就算只是買迴紋針，只要你買下越多，就越便宜。有時候，合併也會有節稅的好處：如果被購併者有稅務損失，購併者就可以善用這個機會。

購買一家公司有一般性的效益，但也有比較特定的效益如：獲得新科技、擴展到新產品或新地理市場，或者「綁架」某優秀的執行長（這的確發生過）。「反向」接管或合併發生在未上市公司想要列在股票交易名單上（亦即成爲上市公司），但又不願負擔初次公開發行

更大的權力

合併通常會以失敗收場，因為公司通常會在整合階段就搞砸了，有時候甚至無法到達整合階段。歐盟曾在 2001 年阻擋了一項世界上最大的合併案。

奇異公司曾以 410 億美元的代價，於 2000 年購併漢威（Honegwell）國際公司。奇異是被漢威的航空業，再加上其工業系統、塑膠業所吸引。奇異的執行長威爾許甚至延退一年，為的就是要看到此交易的結果。奇異已是世界上規模最大的公司，合併之後奇異會增加三分之一的規模。

美國司法部，為了安全理由，堅持只要奇異出售其軍用直昇機事業，就會同意這個合併案。但是歐洲卻不以為然，基於競爭的理由，他們首度禁止了這個合併案（此合併案已經通過美國政府當局的核准）。漢威在主要營運及人事任用決策上已拱手讓給奇異。「這表示你不會因為太老而不會感到驚訝。」威爾許失望地說道。

（IPO）的麻煩和費用，所以買下一個上市公司，拋棄不要的資產並讓它反向成爲一個空殼。世界知名的廣告集團，WPP 的前身其實是購物車製造商——Wired and Plastic Products，直到 1980 中期，其執行長索羅（Martin Sorrell）對它的興趣「反向」到廣告業務上。

企業合併成功的案例不到一半。當交易完成後，失敗的情形並不會增加其價值，原因可能是，策略在一開始時就被誤導。比較可能的原因，是在整合被購併企業到既有企業的過程中搞砸了！後合併整合（post-merger integration, PMI）專家不斷地強調，「合併」這件事在交易完成後並沒有結束，才正剛開始。

> 我常說大規模合併是極度瘋狂者的行為。
>
> *David Ogilvy*
>
> （廣告公司執行長）

失敗的常見原因，是沒有能力整合兩家公司的文化。被購併公司的人員無疑會害怕、不信任他們的新東道主。他們要安心、被尊重，並有成爲新企業一份子的感覺。管理者要多關注這些課題，而不是只關心新商標要長成什麼樣子。另外一個陷阱，是將老企業的不良實務和程序運用到新組織中。也許最重要的是，購併者應有願景，以及準備好在第一天就能實施的計畫，而在組織中的每一份子都要瞭解願景和計畫是什麼。如果後合併整合行不通，它就會使優秀人才、顧客、供應商與投資者流失殆盡。

付出太多 為什麼有些購併不能加值？一個已知的原因，就是管理者在一開始就付出太多金錢。這通常發生在競標的場合，尤其是當執行長特別關心其「帝國」的規模時。當商業世界充滿著合併狂潮的時候，付出天價是稀鬆平常的事情。這些戲碼有一搭、沒一搭地上演，我們不妨追溯到美國在 1897-1904 的購併潮，結果造成股市崩盤以及反壟斷法的立法。1980 年代的大部分以及 1990 年代的後半段，美國、英國的合併與購併活動達到顛峰。1980 年代興起了大規模合併與外國接管。1990 年代的浪潮因 2000 年高科技股票市場的泡沫化而結束，原因不是規模問題，而是策略重整的問題。

合併與購併浪潮會因高股價而澎湃洶湧，因為公司可以付出較便宜的價錢，以及／或者便宜的債務（公司可用現金支付，而不是股票）。便宜的貸款會產生新一波的購併者——私募股權基金。購併是他們盤算的策略，也就是以相對便宜的價錢買下公司，榨乾了脂肪（利潤）之後再賣出去。

35 組織卓越
Organizational excellence

許多在管理上密傳的工具絕對不會出現在校園外，其他能影響公司組織及經營方式的工具則須經過顧問業的考驗。能夠提供一些發人深省的構想，而使資深管理者願意閱讀的書籍並不多見。但有一本書一手創造了整個新產業，這本書就是由麥肯錫的顧問彼得斯與華特曼（**Tom Peters and Robert Waterman**）共同撰寫的《追求卓越》（***In Search of Excellence***）。

你可以說這本書創造了兩個產業：商用書籍業與彼得斯產業。它似乎是希望之炬，照亮了陷於黑暗而迷失方向的美國公司。受到最不可能的競爭來源的打擊（這些競爭來源來自於幾年前他們曾經驕傲地霸佔過的市場），美國的管理者拜師於彼得斯與華特曼，就像在卡通片裡飢渴的人跪拜水一樣。他們傳遞的訊息是這樣的：美國有許多卓越的公司；如果管理者能夠專注於顧客，並做到員工賦能，再加上工作熱忱，必定可造就出卓越的公司。

《追求卓越》是以最可讀的形式，提供了自助式的諮詢，出版後一時洛陽紙貴。它是商用書籍類的暢銷書，並透過個人秀、書籍、影片、電影系列，使彼得斯開啓了利潤豐厚的事業生涯。

出版於 1982 年，《追求卓越》是基於一個單純的方法論，這就是

歷史大事年表

1450	1911	1938
創新	創業家精神	領導

7S

組織是複雜的，如果想要改變組織，你應該有個架構，而此架構會將你的注意力引導到正確的地方。在撰寫《追求卓越》時，彼得斯與華特曼發展出一個架構，經過推敲之後，成為人們所謂的 7S。7S 確認了組織中的七個互賴變數，它們是結構、策略、系統、幕僚、風格、技術與共有的價值觀。

前三個變數（結構、策略、系統）代表組織的「硬體」，而其他四個變數代表組織的「軟體」。巴斯可與亞索斯（Richard Pascale and Anthony Athos）曾協助建立這個觀念，並且用它們作為《日本式管理的藝術》一書的基礎。此書的論點是美國管理者太過於著重硬體，而與日本管理者不同的是，前者不太擅長軟體元素。

彼得斯與華特曼認為，7S 提醒了專業管理者「軟就是硬」，而且「你忽略了很久的因素，對於管理難馴的、非理性的、直覺的、非正式的組織都管用。忽略這些因素是很愚蠢的，而 7S 提供了一條思考的路。」

它的魅力所在。作者以「長期卓越績效」爲基礎，篩選了一些公司；「長期卓越績效」包括複式的資產與權益成長、市場價值與帳面價值之比例、投資報酬率、創新能力。篩選之後，有 43 家公司合格，其中有 14 家表現得特別優異。這些公司是波音、開拓重工、達納、達美航空、迪吉多、愛默生電器、Fluor、惠普、IBM、嬌生、麥當勞、寶鹼及 3M。

太正確反而會出錯　作者提到，管理上的專業通常等於「頑固的理性」。人們相信，訓練有素的專業管理者能夠管理任何事情，而所有的決策可透過冷靜的分析來證實有效。其實過度正確反而會犯危險的

> 服務、品質、可靠性是獲得忠誠與長期利潤成長的策略。
>
> *Tom Peters and Robert Waterman, 1982*

錯誤，這就是造成美國迷失的原因。作者認爲，「它沒有告訴我們要愛顧客，也沒有說明如果我們給員工一點發言權，他們就會認同工作。」他們會依賴檢查員來做品管，而不是自動自發式的。在這種情況下，如何孕育產品領袖？如何激發對顧客服務的熱忱？哈佛大學商學教授亞索斯認爲：「理性無法發揮作用。」而「好的管理者會替員工創造意義，也會賺錢。」彼得斯與華特曼也提醒大多數公司對其員工的負面觀感。我們都希望自我感覺良好，而我們當中一些人認爲自己超出平均標準，有這種想法的人事實上遠高過平均標準。但是許多公司設定了不太可能達成的高標、處罰犯錯的人，並扼殺產品領袖的精神，即使他們也鼓勵創新。「卓越」公司並不會這麼做。彼得斯與華特曼點出了卓越公司的八個共同屬性：

1. 行動傾向：他們生氣蓬勃。他們在做決策時可能具有分析性，但不是爲分析而分析。在許多情況下，標準作業程序（SOP）就是「實作、修理、嘗試」。
2. 接近顧客：他們從提供服務的對象（也就是顧客）中學習，並向顧客提供無與倫比的品質、服務和可靠性（這是能夠運作而持久的觀點）。許多人藉著聆聽顧客的聲音而得到許多產品點子。
3. 自主性與創業家精神：他們會培育領導者與創新者。他們不會牽制員工，以致於使他們失去了創造力，反而鼓勵冒險、嘗試。
4. 透過人增加生產力：他們將基層員工視爲品質與生產力的來源。不分彼此，大家同心協力、不分彼此，不將資本投資視爲生產力改善的主要來源——他們尊重員工。
5. 腳踏實地、價值驅動：IBM的華生（Thomas Watson）與惠普的惠利（William Hewlett）是提倡「走動管理」（management by walking about）的傳奇人物。麥當勞的克拉克（Ray Croc）經常視察各店，並以速食連鎖店嚴格要求的要素（品質、服務、清潔與價值）來評估。
6. 堅守本行：嬌生前董事長詹森（Robert Johnson）曾說過：「你

不要購併一個你不知道如何營運的事業。」寶鹼的前執行長哈尼斯（Edward Harness）也說過：「本公司從未離壘。我們不要成為一個企業集團。」

7. 形式簡單、幕僚精簡：卓越公司中沒有一家是採取矩陣式結構的（幕僚人員同時向專案經理與功能經理報告）。他們有相當「優雅簡單的」結構和系統，以及精簡的高級幕僚。
8. 寬嚴並濟：他們既是集權式又是分權式。大多數的情況，是將自治權下授到工廠或產品開發團隊。當涉及少數最重要的核心價值時，他們才是瘋狂的集權者。

可惜的是，在許多案例中，卓越並不能持續。5 年之後，在卓越清單中的公司有三分之二會遇到某種麻煩，而且其中有一家宣告破產。彼得斯與華特曼曾鼓勵這一代商業人士，要認為明天會更好。他的忠告不論現在還是過去都同樣具有說服力。從那時開始，這兩位作者各自追求自己的寫作生涯。彼得斯獲得了超級巨星的地位，並開始寫第三本書《在混亂中興旺》（*Thriving on Chaos*），書中提到：「沒有卓越的公司」。

> 來自美國的好消息！好的管理實務不是由日本獨佔。
>
> *Tom Peters and Robert Waterman, 1982*

36 外包
Outsourcing

2003年，寶鹼公司將IT功能外包給惠普、人資作業外包給IBM、設備管理外包給仲量聯行（Jones Lang LaSalle），這些舉動跌破了許多人的眼鏡。它的理由是每一種程序的專家都會強化效率和服務。寶鹼公司不但沒有失望，反而因爲改善的幅度而大爲驚喜。直到目前爲止，這些都是企業外包作業的經典範例。

不是所有的外包作業都會像寶鹼一樣成功。嘗試過外包的企業認爲，要成功外包並不容易，而且失敗率很高——大概是40%-70%，這要看你問的是哪家公司。在大型企業中，如戴爾、雷曼兄弟（該公司又把客服中心內包回來）、摩根銀行（該公司收回IT功能）所遭遇的外包災難，不免令人懷疑，這個實務到底有沒有前途。英國政府機構在將IT專案外包給協力廠方面，也有同樣的悲慘記錄。但是外包的數量一直在增加，所涉及的工作類別也是一樣。

> 美國的製造工作數量已經減少，但這與外包無關，與技術創新有關。
>
> *Walter Williams, 2005*

外包作業也許有難度，但並不複雜。外包是將某特定的功能，或者整個程序委託給協力廠商。如果你付費請某人到接待室澆花，這就是外包，雖然這在執行起來相當容易。在觀念上，外包的歷史幾乎與製造

歷史大事年表

1950 供應鏈管理

1960 策略聯盟

1970年代 外包

同樣長久。與零件供應商訂定零組件供應契約，嚴格地說，就是外包，但這跟一般人所謂的「外包」不同。一般人所謂的外包，是訂定服務與製造契約。

1980年代與1990年代早期，外包作業如日中天。麥克波特的價值鏈分析大行其道；在策略運用上，此分析讓企業回歸到核心。管理者應自問，我們的核心事業是什麼？我們可在何處加值？基本的邏輯在於，如果你在某功能（如行銷）沒有卓越的技術，而且此功能並不能加值，爲什麼要做它？別人可能做得更好、更便宜。

外包項目 電腦公司是最早提供（或接受）外包服務的單位；它們幫助了許多負擔不起電腦運算與時間成本的公司。直到目前爲止，IT仍然是最多外包的項目。次多的就是如公司大樓與設備管理的服務。外包廠商開始接收這些部門的既有員工，或買下相關資產（如果需要）。這個現象已逐漸變成標準程序。

廠商對外包作業越來越有信心，而外包提供者在開始時是薪資處理、資料輸入、保險理賠，最後處理的是整個商業流程（business process outsourcing, BPO），IT外包（IT outsourcing, ITO）是BPO的一部分。外包作業已擴展到包括帳單處理、採購與財務（印度外包商稱此爲「無聲音」的工作）。另一方面，它也擴展到透過客服中心的顧客關係管理、技術支援。客服中心通常位於別國。

有些人稱此爲「海外外包」（offshoring），但有人認爲這個字眼是指將企業的部分工作移往海外做，而非喪失所有權。付費給位於加爾各達的客服中心，

大多數美國人（71%）認為將工作外包到海外對美國經濟不利。

外國政策協會／*Zogby* 國際調查，*2004*

1983 全球化

1985 價值鏈

1990 核心能力

讓它處理你的顧客事宜，就是海外外包。這是一個敏感的話題，不論在政治上或對失業的人而言。與國內外包不同的是，他們不能過個街，就可向新的服務提供者找份工作。

商業流程的外包主要涉及執行例行性的程序。有一個位於倫敦的外包提供者，在網際網路上處理員工花費的問題。所謂的「知識程序外包（knowledge process outsourcing, KPO）就是利用別人的腦力，來做研究和分析。

公司期待什麼效益？資產銷售的增加、薪資發放的減少都是外包的好處，雖然有些外包專家認爲這些是不好的理由。不論如何，外包的確能降低成本，因爲提供者有比較好的規模經濟，或比較低的勞工成本（如果是海外外包）。其他具有說服力的動機包括：更有效率、效能地完成工作，以及透過更可預測的成本，做到更嚴密的預算控制。

維護資訊的品質與安全，以及成本節省的不如預期，一直是許多公司關注的問題。這就是爲什麼它們需要一些成功的商業個案，來證實改革的有效性。不論外包契約的費用是多少，專家建議要加上 10% 的布置與管理費；如果是海外外包，還要加上 65% 的費用（包括交通費、複雜文化的配合等）。其他成本還包括：標竿學習、分析（檢視此外包是否眞正是正確的選擇）以及多餘的事物。在轉換時期，對某些局內人士而言是「失望之谷」，並會持續數月甚至數年，而且在塵埃落定之前，生產力會下滑。

外包只是指出在什麼地方工作在外面做會比在裡面做還好。

Alphonso Jackson, 2003

兩極化的市場 在外包服務的供應商之間，市場是兩極化的；一端是少數提供大量全套服務提供者（不論在國內或海外），另一端是更少數的專門供應商。以後，供應商可能會發展成菜單式服務，提供更容易使用的選擇。

雖然印度支配著海外外包市場，特別是軟體工作。其他熱門的地點還包括愛爾蘭、菲律賓、俄羅斯、波蘭與捷克。目前已出現所謂的「逆向流動」，許多小型的外包提供者活躍於美國鄉村。

外包的鐵律在於，絕對不要把策略外包出去。除了策略以外，還有什麼不能外包的嗎？也許沒有。在管理實務上，外包最有用的貢獻，就是讓企業檢視企業內的每件事，然後問自己：「我們眞的要自己做？」

【核心觀念】我們真的要自己做？

37 專案管理
Project management

近年來，律師、會計師、商業學校畢業生任職高級主管職務的人越來越多，但工程師卻越來越少，而擔任企業經理的工程師更如鳳毛麟角。同時，在已開發國家中，製造業的比重也逐漸在縮水。然而，管理者能夠從專案管理取經的實務也著實不少，包括從規劃複雜的專案到圓滿完成。

專案與程序截然不同。一個程序是一而再、再而三地執行同樣的功能，最後產出產品或服務。專案是只此一次的任務，具有明確的起始點和結束點，通常聚焦在創造有用的改變或增加價值——典型的案例是建造新廠或創造新產品。應用在成功地完成每一專案的技術，通常不會用在管理某一程序上，所以專案管理已獨立發展成一門學科。

專案會將資源（例如人員、金錢、材料）集結起來，並加以組織與管理以產生某特定成果。困難之處是在既定的時間內，且不追加預算的情況下，將專案順利完成。專案經理可利用各種不同的工具，來接受專案的挑戰。最具挑戰性的專案出現在美國化學業與國防業。

亨利甘特（Henry Gantt）被推崇爲專案管理之父。他是泰勒（Frederick Taylor）的同事；而泰勒被尊稱爲科學管理的創始者。大家特別懷念甘特的地方，就是他發明的甘特圖。此圖的橫軸是時間（以

歷史大事年表

1911 科學管理

1938 領導

日、週、月來衡量），縱軸是活動；這兩個向度可讓管理者一瞥就知道此專案的進度，是正常、超前還是落後。在 1950 年代以後，以下兩個專案管理工具才出現——要徑法與計畫評核術。

要徑法　要徑法（critical path method, CPM）是由杜邦和蘭德（Remington-Rand）的研究人員所發展的，目的是管理複雜的關廠與復工作業。一開始，要徑法會繪製專案的一個圖解，顯示要完成每一個活動的所需時間。然後此圖會顯示哪些活動是此專案如期完成的關鍵（要徑），哪些活動不是。它的運作方式如下：

1. 界定個別活動。
2. 將這些活動依照完成先後加以排序——有些活動需等到其他活動結束才能開始。
3. 建立一個活動圖或流程圖，顯示每一活動和其他活動的關係。
4. 估計完成每項活動所需要的時間。
5. 確認要徑。這就是在此網路（流程圖）上花費最長時間的路徑。在此路徑上的活動沒有一項可被延誤，不然的話整個專案就會被延誤。

不在要徑上的活動可以被延誤，但還是有一定的時間限制，而不會使整個專案的完成日延後。這個對非要徑活動的出錯餘地稱爲「寬裕」（slack）或「浮時」（float）。在要徑上的活動全然沒有浮時。有時候，要徑圖上會顯示一個以上的要徑。事實上，專案經理會認爲，完全平衡的專案，每一條路徑都是要徑。有了要徑圖，專案經理就可以判斷此複雜的專案多久可完成，以及哪些活動對專案的如期完成是絕對關鍵。在下圖中，要徑是任務 1，然後是任務 3、任務 5。在任務 2、任務 4、任務 5 這條路徑上，有 3 天的浮時。

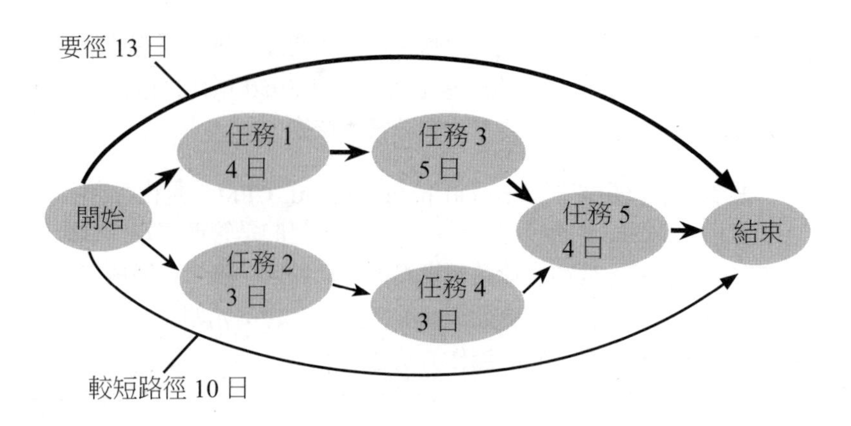

> 單向溝通行不通。你必須要有雙向溝通，才能使員工如期完成。規劃就是交談。
>
> *Hal Macomber, 2002*

在確認要徑之後，如果專案經理得知每項活動的成本，以及加速每項活動所需的成本，他們就可以決定加速專案是否值得。如果值得，最適合的計畫可能是什麼。這看起來面面俱到，但仍不免有限制。它是一個決定論模式，因爲其結果都以所賦予的價值（在本例中是關鍵活動的完成時間）事先決定。如果你改變這些，你就會改變整個結果。這表示雖然要徑法可應付複雜的問題，但它最適合處理預測的到完成時間的例行性專案。一點錯誤就會危及整個專案。因此，如果不能確定完成時間，要徑法是一個差強人意的工具。計畫評核術對這一點有較好的處理方式。

計畫評核術　計畫評核術（program evaluation and review technique, PERT）是美國國防業的產物，它是由博思艾倫諮詢公司（Booz Allen Hamilton）於 1950 年代，爲了北極星核子潛艇計畫而發展的。它與要徑法有些類似，並利用要徑的觀念，但它每項任務的完成時間可以是隨機的。

就像要徑法一樣，計畫評核術也是用圖來顯示。稱爲 PERT 網路圖（PERT network chart）。此圖顯示活動，由稱爲「弧」的線來表示；以及里程碑，由稱爲「節點」的小圈圈來表示。里程碑（有時稱爲事件）

三角暴君

專案總是會有限制。有三種主要限制會形成三角形，稱為專案管理三角（Project management triangle）。你一改變三角形的某一邊，其他兩邊就會受到影響。這三個限制分別是：

時間－最難控制的部分。

成本－有限時間內，成本會飛漲。

範圍－專案要完成什麼。

在此三個限制間取得平衡並非易事。有人諷刺道：「那就任選二項，也就是選好的、快的或便宜的。」

二年的專案會費時三年，而三年的專案永遠不會完成。

Anon

標記著活動的完成。里程碑是以 10 爲單位做標記，例如 10、20、30……，因此當插入新活動時，不必重新安排這些數字。這個圖的繪製幾乎與要徑法雷同，唯一的差別是此模式允許三個時間估計，它們是：

• 樂觀時間——如果實際情況比預期的還好，完成任務所需的最短時間（O）。

• 悲觀時間——如果每件事都出差錯，完成任務所需的最長時間（P）。

• 最可能時間——顧名思義（M）。

專案經理就可以計算預期時間，也就是某任務在某特定的時間內，不斷重複的平均完成時間。預期時間的公式是：（O ＋ 4M ＋ P）／ 6。

同樣的，專案的要徑要按照每一個次序，將活動時間加總，然後再決定哪一條路徑最長。如果專案要準時完成，這些就是必須準時完成的活動。

做爲專案管理的工具，要徑法的重要性更甚於以往。分析軟體的重要性也不言而喻。以前要靠紙筆來計算要徑，現在靠套裝軟體（譯註：如微軟的 Project 軟體）就可大功告成。

【核心觀念】完事

38 科學管理
Scientific management

管理是藝術，還是科學？這種老掉牙的爭辯會一直持續下去。近年來，「藝術面」的支持者似乎扳回一城。**19 世紀工程師泰勒（Frederick Winslow Taylor）**是提倡管理就是科學的第一人。管理大師彼得杜拉克說道，泰勒在塑造當代世界的地位方面，應與達爾文、佛洛伊德平起平坐。

泰勒認爲，生產應由放諸四海皆準的法則，而不是人爲判斷來支配。發掘這些法則，以及發現做事的「唯一最佳方法」，就是科學管理的任務。這也許是最佳的鏟煤、取得螺絲帽、與確保品質控制的好方法。近年來，似乎只有在商學院的學生，才記住泰勒。當人們想起他的時候，通常是來自於最糟的理由。他是將工作拆成小部分加以衡量，然後再恢復原狀，以致於運作起來更有效率的第一人。他非常熱衷於剔除勞力浪費，並且發展出時間與動作研究。簡言之，他是世界上第一位效率專家，並被誇張比擬爲「最惡劣工廠生涯」的創始者。在某些工會與馬克斯主義者的眼中。「泰勒主義」至今仍是醜陋的字，因爲它代表著剝削勞工、視工人爲機器的管理風格。泰勒相信，他的方法會使工人受惠（給他一點功勞，他的確施行了休息制度和建議箱）。

> 這篇論文……證實最佳管理是純科學；它依賴清楚界定的法則、規則和原則。
>
> *Frederick Winslow Taylor, 1911*

歷史大事年表

1911	1960
科學管理	X 理論、Y 理論（及 Z 理論）

令人驚奇的是，近年來產生了多少被人推崇的管理理論學家，這些「學家」在其一生當中，從沒有一天做過「工作」，例如製造或銷售東西。當代的管理思潮是被學者和顧問，而不是管理者所把持。但泰勒提出的理論，可踏實地應用在工廠上。

管理的基本目的，在於替雇主及每位員工獲得最大的利益。

Frederick Winslow Taylor, 1911

出生於賓州富有的貴格世家，不良的視力迫使泰勒放棄追求學術生涯的發展，而在當地的鐵工廠當製模師學徒。他在夜間部修讀機械工程，後來被公司提升爲首席工程師。在此期間，他發明了一些裝置，這些裝置可調整一些製程，以產生更高的效率。後來，他發表了一些文章，將金屬切割提升成一門科學。

多和廣　最後，他把注意力放在工人身上。如果你知道先前的製造業是什麼樣子，你大概才會由衷感謝泰勒的影響。在那時候，工作大部分是由幹過學徒的熟練工人，像是泰勒這樣的人來做。他們的技術和工作型態是相當多樣化的（恰如其面）。「製造」是在數千家小型工廠完成，以任何標準來看，都是無效率的。管理者與工人極少接觸，而這些工人由工頭管理。勞工與管理者之間存有敵意。

泰勒把這些現象看在眼裡，決定將科學方法應用到工作與工作管理上，以便提升生產力。他在製鋼業觀察到的現象之一，就是工人故意不盡全力工作，也就是「磨洋工」（soldiering）。泰勒認爲，磨洋工和低生產力都有各種原因。工人們認爲，如果他們更賣力工作，管理者就不需要這麼多工人，而他們其中的某些人就會被炒魷魚。不論工人的產出量多少，根據現行制度，他們得到的是同樣的工資。如果沒有必要，這麼賣力工作做什麼？工人的經驗法則是，以他們自己的方式來工作，不

亨利福特與裝配線

泰勒主義最具影響力的遺產就是福特主義。工程師亨利福特於 1908 年開始製造其著名的 T 模型汽車，定價 950 美元。他宣稱目標在為「廣大民眾」建造汽車，但廣大民眾的荷包無法負擔這個價錢。五年以來，他逐漸發展出降低成本的五原則 —— 持續的流程、分工、可交換式（可共用）零件以及減少勞力浪費。

受到芝加哥肉品包裝廠、麵粉廠輸送帶的影響，他瞭解到，如果將工人移到裝配線，他們就可不必走來走去浪費時間。他利用泰勒的觀念來分配任務 —— 將任務拆解成更小的任務 —— 並將 T 模型汽車裝配線拆解成 84 個步驟。同時他聘用泰勒來進行時間研究，建立配速，以及工人的明確動作步驟。裝配線在 1913 年正式啓用，將汽車生產時間從 728 分鐘降低到 93 分鐘。1927 年當 T 模型停產時，福特的銷售額已達 1 億 5 千萬美元，而每輛汽車只賣平價的 280 美元。

管是否浪費勞力。

泰勒成爲第一個利用馬錶和看板進行實驗，企圖找到每項工作的最適績效水準的人。他將任務拆解成小部分，並記錄完成每項小任務的時間，精準度到秒鐘，然後訂出最具生產力的標準，例如在 16.4 秒內完成螺絲帽的鎖定。他稱此研究爲「時間研究」。重要的是，他認爲工資要隨績效而定。

鏟煤　泰勒最有名的實驗就是鏟煤。他發現可以讓工人工作最長的時間，而不會疲倦的鏟子最佳重量是 21.5 磅。像煤、鐵這樣的材料具有不同的密度，所以對每個人最適的鏟子就會有不同的尺寸。工頭會發最適的鏟子給工人，而且如預料中的生產力上升了四倍，當然工資也隨之增加。泰勒認爲，產出越多，工資就越高。然而，鏟煤工人數從 500 降到 140。因此，工人懷疑管理當局的居心，是可以理解的。

他認爲，科學方法適合主管，也適合工人。他以奧威爾式（Orwellian）語氣，缺乏反諷地寫道：「在過去，人擺在第一位；但在未來，系統優先。」科學管理的四大目標如下：

- 以科學方法取代依照經驗法則的工作方法。
- 遴選、訓練、開發每位工人。同樣的，運用科學方法，而不是讓他們自我訓練。
- 確保利用科學方法，來培養工人與管理者之間的合作精神。
- 將工作盡量平分給管理者和工人，讓管理者能以科學方法來規劃工作，工人能以科學方法來執行任務。

泰勒也列出組織的原則，因此，他也是後續相關組織理論的先鋒。這些原則包括：清楚的界定職權、將規劃與營運分開、工人的誘因方案以及任務專業化。

泰勒的觀念被應用在許多工廠上，而這些工廠的生產力也不斷增加。不講道德的管理者會利用泰勒的觀念來削減工資，或者比削減工資稍具同情心的作法是增加工作的單調性。不論如何，他改變了完成工作的方法；許多科學管理的重要實務直到今日還被沿用。人力資源部門、品管部門是公司內將泰勒主義紮根的兩個部門。

【核心觀念】唯一最佳方法

39 六標準差
Six sigma

武術與希臘字母的混合，加上一個美國的電子製造商，在瑕疵品控制這一塊，贏得了數千名的稱羨者，這原因就是六標準差。設計六標準差的目的在於減少瑕疵以及縮短週期時間。它的成效非常顯著。今日其倡導者將它提升爲完全整合的管理制度。

六標準差是1980年代由電子與通訊廠商摩托羅拉（Motorola）所發展的，發展六標準差的部分原因是，彼時該公司正面臨來自國外（特別是日本）的激烈競爭。銷售受到重大的打擊，而銷售人員對於保固索賠條款更是怨聲載道。資深銷售副理直視著執行長說道：「我們的品質爛透了！」這兩位高級主管下決心要在今後十年，把品質提升十倍。

要實現此目標的責任落在史密斯（Bill Smith）肩上，他在摩托羅拉的通訊事業部擔任工程師與科學家。他整合了現有的各種方法（特別是參考日本實務），並在1986年推出六標準差的觀念。公司說道，它是「計算瑕疵的標準化方法；六標準差接近完美。」隨著六標準差的演進，它的目標已變成透過準時交貨、產品的無瑕疵、服務的到位，使消費者獲得整體滿足。

標準差是用希臘字母「S」來表示；有趣的是，手寫的小寫希臘字

歷史大事年表

1940年代
精益生產

1986
六標準差

母 s 像是向東傾斜的 6。在統計上，sigma 代表標準差，也就是衡量一組數據偏離均數或平均有多遠。如果均數是品質的指標，減少標準差就會減少遠低於均數的產品數目。

爲了要符合六標準差，一個程序所造成的瑕疵零件，在一百萬件當中，不能超過 3.4 個瑕疵（這代表 6 標準差中的一個）。如果程序需要漸進式改變，則改變的方法可以用 DMAIC 來說明。DMAIC 說明了程序中的重要步驟：

> 我們從三個不同的層面來看六標準差：量尺、方法與管理制度。重要的是，六標準差同時兼具此三者。
>
> 摩托羅拉大學

D（Define，界定）——界定問題，決定要改善什麼。

M（Measure，衡量）——衡量目前狀態與理想狀態的差距。

A（Analyze，分析）——分析造成上述二者差距的原因。

I（Improve，改善）——改善程序，透過腦力激盪，以及選用與落實最佳解決方案。

C（Control，控制）——藉著建立監控機制、責任歸屬與工作工具的使用，控制長期改善的持久性。

爲了要設計能符合六標準差品質的新程序或產品，可使用 DMADV 法——界定（Define）、衡量（Measure）、分析（Analyze）、設計（Design）及驗證（Verify）。如果現有的程序績效不彰，所需要的不只是漸進式改變（譯註：應進行急進改變），也可使用 DMADV 法。

綠帶與黑帶 在落實六標準差之前，要確保員工接受相關訓練並獲得認證去執行它。這促成了訓練師、認證師等次產業誕生。與他們

> 六標準差是在既有程序與架構內運作；它並不挑戰此程序。
>
> *Michael Hammer, 2001*

競爭的是公司自己成立的摩托羅拉大學，它提供了原始的六標準差訓練與諮詢服務。以日本的術語來講，認可表示拿到綠帶或黑帶，要得到這些「帶」，你要有「從工作中學習」的經驗，並定期上課。綠帶是程序改善團隊的尖兵，而黑帶是「軍士」（NCO）（在摩托羅拉大學上課，每門 13,000 美元以上）。在某段時間內，能夠展現「影響力與經驗」的黑帶，會被提拔爲黑帶頭。他們會負責處理最複雜的改善專案，並成爲綠帶和黑帶的教練。

精實標準差

經典的六標準差可削減瑕疵並提高品質。精益生產會把注意力放在速度、效率及剔除浪費上。如將六標準差和精益生產加以結合，就可產生一個成長與獲利的有力引擎 —— 精實標準差。現在我們來說明精實標準差。

這兩種方法會有互補作用。六標準差會剔除瑕疵，但無法解決程序流程最適化的問題。精益生產正好可以彌補這個缺點，但並不具備使製程差異極小化的統計工具。精益生產可使工作做得更快，但六標準差會使工作做得更好。

像 BMW、全錄這樣的製造商已採用精實標準差，來降低成本與複雜性，或執行策略改變計畫。精實標準差也廣泛地運用在服務業，例如銀行、保險與零售，以及政府機構。此方法可用來整合策略與作業改善，進而創造價值、建立顧客忠誠。

六標準差也有風評不好的地方。有些純技術人認爲其結果會被扭曲。它的支持者反駁道，當然它可能有不夠精準的地方，但這不是重點。它具有這些效益：大幅降低成本與浪費、更快的週期時間，以及顧客滿足的改善。由於運作的方式被交代得如此詳盡，所以落實起來相當容易（雖然不見得快）。然而根據顧客爲尊，以及事實導向的分析法，顯然六標準差不只是僅適用製造的工具箱而已。摩托羅拉就是這麼想的。1990 年代早期，六標準差已經被用在非製造產業，如金融服務、高科技及運輸。2002 年，摩托羅拉推出了新版本的六標準差；它被稱爲「執行企業策略的高績效系統」，並可應用在工廠以外的地方。這個新版本的六標準差，如果你高興，可稱爲六標準差 2.0，共有以下四步驟：

- 創造有關策略目標、計量與計畫的平衡計分卡，讓執行長將焦點放在正確的目標及標的上。這可確認對利潤最有影響的改善。
- 利用 DMAIC 法，動員組成改善團隊。
- 加速成果的獲得──短跑衝刺，而不是馬拉松──是完成改變的最佳方式。
- 持續改善的管理，並與組織內其他部門分享最佳實務。

摩托羅拉認爲，公司在利用這種方法之後，就能夠增加市占率、改善顧客保留、開發新產品與服務、加速創新，以及做好顧客需求改變的管理。

過度喧染好的構想　有些人對於六標準差的時間表的最後發展感到懷疑。他們認爲，如果過度渲染六標準差實際能做到的，就會損害它的名聲，或甚至阻礙它被採用。同樣的情形發生在 1990 年後期的商業流程再造工程。

> 我們需要精益生產與六標準差此二者……以改善投入資本報酬率，並獲得最佳的競爭地位。
>
> *Michael George*
> （喬治集團執行長）

擔心這件事會發生在六標準差的人之一就是韓默（Michael Hammer）。他是商業流程再造工程的創始人之一，應該知道爲什麼要擔心。他說：「如果六標準差列車出軌了……這會是許多公司的悲劇，因爲這些公司應可利用這個有價值的技術，來進行理性的、量化的應用。」

爲了避免災難，韓默建議實務人士，應對六標準差發展一套平衡觀點，也就是確認它不是放諸四海皆準的工具，它只是對於某些特定問題特別有用的工具之一。

【核心觀念】削減瑕疵

40 利害關係人
Stakeholders

有些字的命運是這樣的：發跡、熱門、被過度使用、被人嫌煩，而「利害關係人」就是其中之一。在報導中，常常出現利害關係人這個字眼，使命陳述也不惶多讓。好像只要用上它，就是表達對它的關心。更糟糕的是，政客也抓住這個字眼；在他們的嘴中，這個字似乎是指大眾，藉由這個字眼使他們看起來似乎關心，但毫無誠意。這眞是可惜，因爲利害關係人的原始觀念代表著公司如何看自己，或者如何看自己的劇烈轉變。

利害關係人是佛利曼（R. Edward Freeman）於1984年在其《策略管理：利害關係人觀點》（*Strategic Management: A Stakeholders Approach*）所揭櫫的觀點。佛利曼認爲，如果公司對每位利害關係人都表達關心，公司就可在策略層次做到有效的管理。易言之，利害關係人會有長期效益。他事後說明，「利害關係人」是故意被選來區分「股東」（stockholder）的字。佛利曼將組織中的利害關係人定義爲：「能夠影響其活動，或被其活動所影響的個人或組織」。這個定義非常廣，甚至包括了公司的競爭者；乍看之下納入競爭者似乎無必要，但它可以將管理者的注意力放在所謂「生活在社區之內，好鄰居通常可帶來更爲充實的生活。」的觀點上。

歷史大事年表

1970	1984
公司社會責任	利害關係人

> 日本對於 Kyosei 的觀念——共同努力達成目標——與利害關係人對公司的看法是如出一轍的。
>
> *James E. Post, Lee E. Preston and Sybille Sachs, 2002*

這個觀念在學術界還有商業世界掀起了一片漣漪。另外一股動力來自於高斯圓桌會議（Caux Round Table），這是由來自歐洲、北美與日本的一群商業人士所組成的團體，他們首次相聚於瑞士，共同討論如何跳脫國際貿易的緊張氛圍。一路走來，這個團體認明了大型企業應肩負這樣的責任：減低對世界和平、穩定有社會與經濟威脅。1994 年，它頒佈了國際商業倫理的第一部法典——高斯原則——亦即利害關係人管理的原則。

「重新界定公司」 一年後，一個不同凡響的五年專案開始了。它涉及從全世界各地來的數百位學者，被稱爲「重新界定公司」（Redefining the Corporation)，並得到史隆基金會（Alfred P. Sloan Foundation）的資金贊助。這個專案檢視了公司內的利害關係人模式，以及對管理理論、研究和商業實務的意涵。2002 年，學者波斯特（James E. Post）、普利斯頓（Lee E. Preston）與薩克斯（Sybille Sachs）出版了此專案的最後一本書。它呼籲企業要重新思考其目的，並吸取康明斯工程公司、摩托羅拉以及殼牌石油〔包括惡名昭彰的布倫特斯巴（Brent Spar）事件〕的經驗，此時利害關係人的觀念呼之欲出。

上述作者群（波斯特、普利斯頓與薩克斯）並不將廠商看成是一個實體，而利害關係人看成另外一個——公司是由「多元且歧異的選民及利益人士（也就是利害關係人）所組成的集合體」。他們的重要論點是：特定的利害關係人，其關係比個別利益來得重要。他們是創造（或毀滅）組織財富的關鍵因素；正因爲如此，他們也是核心目標，以及公司營運不可或缺的因素。此外，利害關係人的關係管理，是公司成功的關鍵。

作者群說道：「公司就是利害關係人所做的。」公司顯然不再採取社會目的等於公司目標的老舊模式，也不該採取目前特別強調投資者個人利益的「所有權」模式。公司的目標在創造財富，但其合法性——其社會憲章或「營業執照」——取決於它是否有能力滿足廣大選民（利害關係人）的期待。一個世紀以來，財富與責任的關連性已被大衆確認。公司如要生存，就必須適應社會改變。作者群認為，有兩個原因可解釋爲什麼大型公司需要被重新定義。其中之一是規模與權力。另外一個原

利害關係人原則

「重新界定公司」專案提出了管理利害關係人的七原則：

1. 管理者必須認明並積極地監控所有合法的利害關係人所關心的事情，同時在做決策及營運時，適當的考慮到他們的利益。
2. 管理者必須傾聽取利害關係人的聲音，並開誠布公地與利害關係人溝通。因為他們與公司有交集，管理者要瞭解利害關係人所關心的事情及貢獻，以及他們所承擔的風險。
3. 管理者必須採取程序與行為模式，而這些程序和模式應對每位利害關係人選民的關心和能力息息相關。
4. 管理者必須認明在利害關係人間，努力和報酬的互賴關係，並且企圖在他們之間取得利益與公司活動的負擔（要考慮到其風險與易受傷害性）間的公平分配。
5. 管理者必須與其他實體（包括公家的、私人的）合作，並確信公司活動所產生的風險與傷害已減到最低；如果不能避免，就要給予補償。
6. 管理者要絕對避免侵害不可剝奪的人權（例如生存權），或造成如果利害關係人清楚地知道就不會接受的風險。
7. 管理者必須認明這兩件事的潛在衝突：（1）他們在公司利害關係人方面所扮演的角色；（2）他們對利害關係人的利益在法律上、道德上的責任，並且把這個議題透過開放式溝通、適當的報告制度、誘因系統來進行交流，以及如果有必要，採用第三者的評論。

因是，雖然股東握有公司的股票，他們也不是實際擁有公司，而且也不是唯一的選民。基於其本質，大型多國公司改變了社會、政治及實體環境，而這些影響是他們產出的一部分。產出是管理者的責任；有時候這些產出是人們不需要的或有害的。管理者不要招惹昂貴的、不需要的，以及可能無效的政府干預，而且要在適當的情況下，盡量減少這些效應。

> 公司中的利害關係人就是志願或非志願參與貢獻的個人或選民，透過其能力與活動來創造財富，因此變成潛在獲益者和/或風險承擔者。
>
> *James E. Post, Lee E. Preston and Sybille Sachs, 1984*

放棄傳統的「所有權」模式，並不表示「財產權的喪失」或「股東價值的終結」。（這兩項都是對利害關係人模式的批評）。早在 1964 年，杜拉克將之描述爲「粗糙的老法律虛構」，也就是公司只不過是所有利害關係人的財產權的總和。波斯特、普利斯頓與薩克斯認爲，在公司的利害關係人之間，有許多類似的、相互的利益。如果公司對利害關係人的福利、社會的福祉不能肩負責任，公司就不能生存。

競賽中的賭注　利害關係人定義的重點，就是他們對競賽的結果有舉足輕重的影響，而且他們希望公司經營的結果會使他們變得更好，而不是更糟。柯強與魯賓斯坦（Thomas Kochan and Saul Rubinstein）在其《廠商的利害關係人理論》（*Toward a Stakeholder Theory of the Firm*）一書中，隔離出三個利害關係人的身份標竿：他們提供關鍵性的資源；他們的福利會受到公司的命運所影響；他們有權力影響績效，不論有利或不利。

不論衡量標準是什麼，利害關係人包括員工、投資者、顧客、工會、供應商、管制單位、地區性社群、公民、各私人組織與政府。根據波斯特、普利斯頓與薩克斯的看法，利害關係人之間可能互相連結，或與公司連結。有時候可能會爲了某些議題，而彼此爭辯不休。社群也是這樣。

【核心觀念】我們同舟共濟

41 策略聯盟
Strategic alliance

「結盟或毀滅」，全錄執行長麥考錫（**Anne Mulcahy**）說道。這是她宣布公司建立另一系列的策略聯盟時所說的話。此策略聯盟是自 **1960** 年代開始與日本富士結盟以來的一系列活動。雖然看起來有點小題大作，但在今日快速變化的市場——尤其是全錄所在的高科技市場——這只不過是「合理的觀察」而已。

> 吸引伙伴及管理聯盟的能力……是網路時代的新核心能力。
>
> *Matt Schifrin, 2001*
> （*Forbes.com* 編輯）

管理者與股東都希望其企業成長，但原因未必相同。成長涉及在既有市場建立市占率或擴展到新市場，而要做到這兩點的方法有很多。傳統的選擇除了自行建立外，就是購買（購併）。公司可以用有機式的方式成長，而這是既辛苦又困難的方式；比較容易的方法，就是在所選擇的市場中，購併競爭者或某事業。購併的缺點是昂貴、具有風險，而且在合併後的整合方面會讓人疲於奔命。

免費購買 策略聯盟具有購併的許多效益，但又不會有太多問題，同時又快又便宜。有些公司喜歡稱策略聯盟爲合夥事業（partnering）。不論名稱爲何，策略聯盟是二個或以上的公司集結資源，以達成共同目標的協議。策略聯盟可能在兩個互補的企業間締結，

歷史大事年表

1450	1916	1960
創新	多角化	策略聯盟

聯盟的呼喚

日本的行動網路市場被 NTT DoCoMo 的 i-mode 服務所支配（具有 50% 的市占率）。i-mode 產品之所以如此吸引人，要拜聯盟之賜。在所謂的「精心安排的策略」中，它在推出之前，就與內容提供者建立一系列的合夥關係。

內容與服務的充分結合，再加上在電話聽筒市場擁有一席之地，i-mode 便馬上受到顧客的青睞。合作伙伴可得到很多人潮。每一次網站拜訪，DoCoMo 會收取少許費用，並將大部分的獲益交給內容提供者。它們也會分享 DoCoMo 在訂戶使用型態上的研究成果。

聯盟也是 i-mode 的國際擴張工具之一。國際擴張可改善在生產標準型電話聽筒的規模經濟。它與九家在歐洲本土的通訊業者建立合夥關係，來創造跨洲際的 i-mode 網路。下一步就是要利用 i-mode 做為提供金融服務的平台。更多的聯盟……

例如顧客或供應商、競爭者（建立在清楚界定的基礎上）、學術與研究機構，或甚至是政府部門。策略聯盟有時是被更爲特定的成長所驅使，也許是爲了接近特定的技術或智慧財產，也許是要進入某地理市場，或購併新的配銷通路。爲現有的顧客擴展產品範圍、削減研發成本，或減少商業週期時間，都是其他可能的原因。

上述的各種聯盟，如果規劃得夠縝密，必可降低風險。吸引人的是，策略聯盟也能提供獲得伙伴資本的機會。事實上，許多商業顧問稱此爲「虛擬資金籌措」（virtual funding）。它可以帶來所有的好處，包括現金挹注、相對快速、以及不需借錢或出售股票。由於具有這麼多好處，所以策略聯盟的數量呈現倍數成長；以每年發生的次數來看，策略聯盟的次數現在超過合併與購併。在比較單純的行銷聯盟方面，廠商間

> 這會帶動權益導向的聯盟，成為在自由企業進展中的新一章。
>
> *Peter Pekar and Marc Margulis, 2003*

會交換顧客資料，並相互賣給對方以獲取佣金。

在產品聯盟方面，你向自己的顧客提供別家公司的產品，如此便可以擴展市場範圍，而不需要負擔昂貴的投資。這些以及更複雜的技術交換在科技業、IT業特別普及；在這些行業中，快速地獲得新產品和研發是獲得競爭力的關鍵。

合夥關係的加速，部分是因爲老式的合併熱潮已被澆熄了。大家共同的瞭解是，合併成功的案例少，失敗的案例多，而正數的股東價值通常由賣家而非買家獲取。在競標場合中，贏家通常是支付過度，這就是所謂的「贏家的詛咒」。關心股價的管理者會發現，聯盟這個選項也滿吸引人的。

聯盟狂也是因爲越來越高的複雜性，以及商業環境的快速變化而出現的產物。公司不斷地收到機會與威脅的轟炸，但是它們的因應能力卻受限於資本與人力資源。一方面，它們要極力克服地理與技術障礙；另一方面，許多公司回歸到核心能力的培養，並需要合夥人的加入才能再次冒險。

一系列選項　策略聯盟是公司聯盟選項中的一種；隨著選項的不同，所需伙伴的承諾與整合的程度就會不同。在策略聯盟的某一端是授權。授權是策略聯盟的一種，通常涉及契約安排，而很少有實際的合作。然後是非權益式聯盟。這種方式可分享資源，但還不到交換權益的地步。在權益聯盟中，承諾程度較高。它有兩個型態。前者涉及部分購併，也就是一方購買另一方的股票，或者進行交叉持股的安排，只獲取對方少量股票。後者，權益聯盟中最具整合形式的就是聯合投資，由伙伴們成立一家新公司，而每一方都有利得。但是成立公司需要一段長時間，在管理上相當複雜，而且會消耗資深管理者的大量時間。

最成功的聯盟案例就是合作以達成特定目標。例如美國通訊集團南方貝爾（Bell South）與荷蘭通訊業者 KPN 建立合夥關係，進入德國行動電話市場；而雀巢與哈根達斯聯合起來，在美國冰淇淋市場與聯合利華競爭。

含淚收場 和生命一樣，在商業裡親密的關係不可能天長地久。1990 年代早期，蘋果與 IBM 締結了策略聯盟，共同開發下一代的電腦作業系統。此策略聯盟稱爲 Taligent，不久就消失了！在本田與羅孚（Rover）間的汽車業聯盟，也以含淚收場。

組織會從他人的失敗中學習，同時如果能夠遵循基本規則的話，成功的機率也會增加。你要明確地知道，你從伙伴關係中得到什麼，以及爲什麼要建立合夥關係。你要經過縝密的研究來尋找合適的伙伴。如果組成聯盟的目的在落實復甦策略，而你找的伙伴跟你一樣碰上麻煩，怎麼期望他會解決你的問題？要很清楚地知道伙伴間互相期待的是什麼，並請一位好律師用白紙黑字寫下來。

有些聯盟發現，人員交換在伙伴間可建立必要的信任與瞭解。要專門化，讓每位伙伴從事他最擅長的事情。記住，聯盟並不是天長地久的事。聯盟如對雙方都有利，就必須維持。目標一旦完成，也要好聚好散。這就是有人說策略聯盟最好稱爲「戰術聯盟」的原因，但聽起來不那麼偉大。

【核心觀念】 較低風險的新市場

42 供應鏈管理
Supply chain management

當供應鏈管理者在做比較時，他們的言談通常會歸結到「完美的訂單」。這就是將產品完整地送達到顧客手中——在正確的地點、準時的、絲毫沒有損害的，但是這種完美的境界並不是一蹴可幾的。然而，當完美訂單的比率低於某個必要水準時，會造成顧客的訴怨，反應了供應鏈的無效率，並浪費公司的錢。因此，關注供應鏈的地方，已從倉庫和裝卸區移到公司管理層。

供應鏈是由供應商與公司間、公司與顧客間所建立的實體與資訊的連結。它包括了生產規劃、採購、材料處理、以及部分後勤作業如運輸與儲存（倉庫或配銷中心）。雖然在過去，公司傾向於將供應商供料、顧客需求滿足視爲兩個分開的活動，但在今日，公司會將它們看成是連續的鏈結而加以管理。多年來，來自於供應商的鏈結比較會讓製造商費神。通往顧客的路徑就是配銷通路，這是屬於公司的另外一個問題。

> 供應鏈不再是後端活動。它已經成為董事會中的潛在競爭武器。
>
> *Kevin O'Connell, 2005*
> （*IBM* 整合式供應鏈事業部）

傳統上，供應鏈中的供應商這一面，一直是大型汽車公司所關注的關鍵課題。早年，福特本身製造大部分的組件，因此供應商不是它要考慮的重大問題。1920年，通用外包了他的零件製造作業，但只外包給其附屬公司。而到了1950年以後，福特才開始眞正的

歷史大事年表

1940年代	1950	1950年代早期
精益生產	供應鏈管理	通路管理

外包給其他公司。從彼時開始，諸如交貨日期、數量、存貨、品質與瑕疵品這些棘手的問題，才開始浮現。

在當年，如果你有太多的材料，你就會將它們儲藏在倉庫，一直到需要用時爲止——你寧可有過多的材料，也不要不夠。但是材料的存貨會限制資金的運用，再說還要負擔管理費用。在材料成爲產品被銷售出去之前，對公司利潤的增加毫無助益。同樣的情形也發生在躺在倉庫裡的成品。如果存貨流程規劃得夠好，公司就可把資金放在銀行以賺取利息，或者做另外的投資。所以存貨是成本——減少它就可節省金錢。老一輩的管理者可能會認爲，倉庫中堆滿著存貨表示豐足，但對今日的管理者而言，如果存貨有任何意義，那也是煩惱一堆。

及時 美國的大型製造商從日本取經之後，在 1980 年代紛紛大砍

高通公司

在 2003 年到 2004 年間，由於全球消費者對手機偏好的增加，手機晶片的需求量上升了 37%。需求的突增使得晶片組製造商高通公司（Qualcomm）措手不及。它無法應付蜂擁而至的訂單，因為無法獲得足夠的晶片。在懊惱之下，它重新組合其供應鏈，以免重蹈覆轍。在這之前，高通公司將其供應鏈規劃一分為二，一組人負責供應的規劃，另一組人負責需求的規劃。後來又將此二者合併。高通公司也瞭解，為了要正確地預測訂單達成率，它需要長期的需求預測，並考慮到供應商的生產量。它更新其需求規劃軟體，並定期舉行規劃會議，與會人士包括供應鏈、財務、IT，以及銷售與行銷。透過與更多的供應商合作（公司與供應商可分享比以前更多的資訊），高通公司大大地增加了供應鏈管理的彈性。如果以後有始料未及的需求突增，它就可以遊走於不同的供應商之間。準時交貨率從不到 90% 增加到 96%——是此行業中最高的。

存貨。如何做到？安排那些材料在公司需要時剛好到達。這表示要和供應商密切合作，而這些供應商被小型廠商視爲伙伴或利害關係人；它們彼此的命運緊緊地繫在一起。在複雜的產業，壓榨供應商並從中挑選一個提供最低價的供應商，這種老式作法已經不存在。價格仍然是一項重要因素，但不是唯一。

如果公司能夠更有效地經營供應面，它們對需求面的控制必會較低。生產過多的產品，就會被困在存貨的詛咒裡；而生產太少，就會坐失銷售機會並造成銷售損失。這就是正確的銷售預測如此重要的原因。企業感到興奮的，不是因爲月銷售業績良好，而是能夠生產適當的數量──不太多，也不太少。

然而，預測是不可靠的，顧客需求總會被一些未預期的原因所影響。真正需求的波動，可一路追溯到供應商這個鏈結；供應商要立刻知道是否要增加或降低其生產量，或維持不變。

> 要使我們的供應鏈能順利運作，需要75%的程序和25%的工具和科技。
>
> *Norm Fiedhelm, 2005*
> （高通公司）

整合 這就是爲什麼在今日談到供應鏈，都會提及「整合」的問題，也就是建立一套資訊系統，將銷售改變的訊息，儘快地傳給公司及供應商。消費者產品製造商，在這方面做得越來越好。以寶鹼的舊式供應鏈模式爲例，零售商的貨架空間要數週才能填滿。當產品出售時，在結帳櫃台的銷售點資料蒐集系統，可將訊息傳給寶鹼配銷中心，以做適當的補貨。這個過程相當費時，現在這套系統可將每日出售的商品，直接通知寶鹼的供應商，而貨架缺貨的現象已大幅改善。

在高度工業化的國內市場，供應鏈管理運作得很好，但全球化憑添了另一個向度。當美國廠商在中國製造手機，並銷售給奧地利的零售商時，供應鏈已伸展到轉捩點，有時甚至超過。在此鏈中有太多的連結，包括運輸，因此事情很可能弄砸。在這麼遙遠的地區，最先進的資訊系統對供應商的幫助有限，因爲這些地區可能只有配備電話、傳眞。

供應鏈中的連結與波特的價值鏈有異曲同工之妙。從管理存貨到駕駛員的等待時間，每一項活動都有成本節省的空間。對於不是在從事全球遞送零件箱的公司而言，必定有其他公司做得更有效率。供應鏈管理者的第三個考慮是外包。今日，越來越多的製造商會將後勤補給外包出去。供應鏈是競爭優勢的來源，這就是許多公司極力做好供應鏈管理的原因。

【核心觀念】擦亮這個從供應商到顧客的鏈

43 系統思考
Systems thinking

有些農夫大費周章地才學會系統思考。看到農作物被昆蟲所吞噬，他們就拿起上滿了殺蟲劑的噴槍殺蟲。這種方法的確奏效，但只是暫時的。不久之後，農作物又遭到損害，而且比以前更糟，因爲昆蟲有了抗藥性。吃農作物的昆蟲會互相競爭，而且也會吃其他的昆蟲。現在昆蟲一號被驅逐出境，昆蟲二號暫居上風。系統思考認爲，事情會比看起來更爲複雜，而行動會帶來不可預測的、非意圖的結果。

> 系統的觀念與相信「人是全然自由」是相互矛盾的。
>
> *Jay W. Forrester, 1998*

系統思考確認，沒有任何人——或昆蟲——是一座孤島。在社會及自然中，有許多相互關連的東西，而這些相互關連性不全然是立即而明顯的。「直線」思考，顧名思義就是以直線方式運作。它說明了如果你將甲做向乙，結果將是丙。系統思考則認爲，如果你將甲做向乙，它可能會影響丙和丁，結果產生戊。只是戊可能要花一段時間才會呈現。

系統思考源自於「系統動力」（system dynamics），是由美國電腦工程師佛瑞斯特（Jay W. Forrester）所提出的。他的研究發現，即使是單純的系統，也有令人驚奇的非線性行爲；這項研究結論於1958年發

歷史大事年表

1958 系統思考

1985 價值鏈

未來設計

你不會夢想不經過測試假設、模擬發射，就把太空船送往月球。你也不會不經幾次實驗室測試，就逕自製造壓力鍋。所以為什麼不經測試，就逕自開創事業？

多年來，系統動力學之父佛瑞斯特（Jay Forrester）不斷利用電腦來替社會系統建立模式，讓我們模擬並測試社會系統（例如公司）的設計，並檢視它是否能運作。他接受人們不喜歡「設計」社會組織這個觀念，但他認為，我們事實上是在進行設計，只是方法拙劣了一點。他說道：「靠委員會與直覺來建造的組織，其績效不會比用同樣方法來製造飛機來得好。」

真正的飛機是由設計師所設計，並由飛行員駕駛。但在商業中，飛機是由飛行員所設計。佛瑞斯特預測，在未來管理學院會訓練企業設計師，而不是公司的營運人員：「正確的設計會使公司有韌性……並可避免目光如豆的政策。」

表於《工業動力》（*Industrial Dynamics*）期刊。最近，彼得聖吉觀察到，系統思考的方式及系統認知，如何在學習型組織中幫助人們提升生產力，並同心協力達成共同目標。

形成圓圈　系統思考將流程視爲系統，不是像直線一般，而是像迴圈或一系列相連結的迴圈。系統會連結人員、機構、程序等，但是它們本身不是重點，重點是它們相互造成的影響。聖吉認爲，「反恐戰爭」的根源，不在於敵對的意識型態，而在於雙方思考的方式。

美國當局的直線思考是：恐怖份子的攻擊造成對美國的威脅，因此必須立即採取軍事行動。恐怖份子認爲，美國的軍事行動充分地顯露了美國的野心；就是因爲這些野心，人們願意成爲恐怖份子。事實上，這

> 回饋程序…… 是變革的基礎。
>
> *Jay W. Forrester, 1998*

是兩條直線所形成的一個圓圈（變數之間相互影響的系統），因而造成永無止盡的暴力循環。聖吉認爲：「雙方都以所認知的威脅來因應，但是他們的行動會造成雙方敵對的升高。就像許多系統一樣，做明顯的事情，不見得會帶來明顯的好結果。」

在工作職場如要解決問題，你認爲上述的說法行得通嗎？系統思考的關鍵就是回饋，而這裡所說的回饋與「從顧客那裡得到的回饋」不同。它是指系統中每位成員間的相互影響，而這些影響既是因又是果。昆蟲一號的消失是殺蟲劑的效應，也可能是昆蟲二號的出現所造成。這個因果鏈最後會產生迴圈。

增強式回饋（reinforcing feedback）會造成擴大的現象，即使少量也會產生很大的結果 —— 更好或更壞（惡性循環）。自我實現的預言就是實際的增強式回饋〔譯註：自我實現的預言又稱「比馬龍效應」（Pygmalion Effect），意思是指假若老師認定某些學生爲「資優學生」，即使他們其實並非眞正的資優，但是經過老師的提點和鼓勵，最終亦會自然地成爲資優學生。「比馬龍效應」是近代教學研究的重要發現，管理人若能適當地應用「比馬龍效應」，大有機會能有效地啓發部屬的上進心。取材自：http://tw.knowledge.yahoo.com/question/〕，也是美國政府與恐怖份子逐漸增溫的緊張關係。 **平衡式回饋**（balancing feedback）會穩定系統；它是目標導向行爲的結果。如果你在限速每小時60哩的道路上開車，但你只想開50哩，這個慾望會「促使」你踩煞車。如果你開40哩，你就會腳踏油門，直到50哩時爲止。這是外顯式平衡回饋系統。內隱式平衡回饋也許就是你嘗試改變那些抗拒你所有努力的原因。另外一個關鍵點是延誤（delay）；延誤常出現在回饋上，它會干擾改變的原因或影響，以致於結果會延遲浮現。

> 系統動力是從對管理尋求更深入的瞭解而產生的。
>
> *Jay W. Forrester, 1998*

你可發現，系統動力在僞裝下如何實際運作，包括某個解決方案在系統的其他地方卻變成了問題。新任經理藉著減少存貨「解決」了高存貨成本的問題，但是銷售人員卻花了更多的時間，處理顧客對延遲交貨的抱怨。或者第四季的銷售量巨幅下跌，因爲第三季的折扣戰打得很大，誘使顧客提前購買。聖吉描述道，沒收大量海運毒品如何造成新一波的街頭犯罪，因爲毒品供應減少，使得價格上揚，進而驅使亡命的毒蟲犯更大的罪，來資助其吸毒。

向後推 增強式回饋發生於當管理者的期望會影響其部屬的績效時。你認爲某人有高潛力，你就特別協助他發展。他的確有發展，而你認爲你的努力沒有白費，因此會更加幫助他。反之亦然，如果某人的績效不彰，你就會以此爲理由而拒絕對他幫助。你推得越兇，系統反彈的勁道就越大。這就是聖吉描述的典型的平衡式回饋系統。如果你企圖減少專業人員身心俱疲的現象，當他們正忙於處理人員訓練的事情，而你讓他們減少工時，或將辦公室上鎖，沒效！他們會把工作帶回家做，這也違背了減少工時的美意。究其原因，是公司有一個不成文的規範：組織內的眞英雄就是事事超前、每週工作 70 小時的人——因爲這就是老闆本身立下的榜樣。

> 現實是由許多圈圈所組成，但我們看到的是直線。
>
> *Peter Senge, 1990*

這些還算是單純的案例。大型組織內的系統可能更爲複雜。企業具有有效的、精密的預測、規劃及分析工具，但是這些並不足以偵測到造成一些棘手問題的原因。聖吉認爲，這是因爲它們是用來處理具有許多變數的複雜問題〔也就是詳盡的複雜性（detailed complexity）〕。然而，還有一種上述工具無法解決的複雜性，稱爲「動態複雜性」（dynamic complexity），其因果關係非常深奧，而隨著時間的互動效應也不明顯。

聖吉認爲，要應付這些問題需要「改變心態」。系統思考的本質只要看相互的關係，而不是直線的因果鏈；要看改變的過程，而不是靜態的快照。

【核心觀念】注意事情的相互關連性

44 X理論、Y理論（及Z理論）
Theories X&Y（and Theory Z）

自從科學管理首度考慮到如何使工人更有效率以來，關於人員激勵的管理觀念稍有改變。今日，大多數的管理者至少會口惠而實不至地說道，員工也是具有人類需求與抱負的。而要他們發揮所長，必須要瞭解這點。這些道理在今日似乎很明顯，但它成爲管理原則要歸功於麥葛瑞格（**Douglas McGregor**）以及他所提出的 **X** 理論、**Y** 理論。

X 理論、Y 理論是雙重行爲，就好像人力資源管理中的壞先生與好先生。你絲毫不會懷疑麥葛瑞格喜歡哪一個，雖然他堅持，最適合的管理風格要從這兩個風格中萃取出來。麥葛瑞格相信，公司經營的方式可以反應其管理者對於人性的看法。他的理論涉及滿足員工需求的方法，可用來激勵他們，雖然每種方法對於「需求是什麼」有不同的假設。X 理論和 Y 理論都萃取自早年的人類心理學理論，也就是 1943 年美國心理學家馬斯洛（Abraham Maslow）所提出的馬斯洛需求層次論（Maslow's hierarchy of needs）。

根據此理論，需求有漸增的層次，而每一個層次的需求必須被滿足，

歷史大事年表

1450	1911
創新	賦能 科學管理

> （挑戰是）……創新、發掘組織化的新方法，以及指揮員工。雖然我們知道，完美的組織就像完全真空一樣，在實際上是遙不可及的。
>
> *Douglas McGregor, 1960*

才會去留意下一個更高的層次。需求是從生理需求開始，到最後的「自我實現需求」。從底部開始，依序爲生理需求——生存所需（如空氣、水、食物及睡眠）；安全需求——生存無虞之後，免於受傷害的自由（住在安全的地方、工作保障、有足夠的金錢）；社會需求——生命和安全有保障之後，社會需求變得重要（我們需要朋友、歸屬感、接受愛與付出愛、性關係）；尊重需求——歸屬感需求被滿足之後，我們希望感到重要、受尊重。馬斯洛將尊重需求分爲二類：內部的（自尊、成就感），及外部的（社會地位、受他人注意或聲望）。在馬斯洛最新版本的模式中，他在尊重需求與自我實現需求間加了一個層次，也就是知識與美的需求——認知與美學需求。自我實現需求——此爲三角形的頂端，與較低層次需求不同的是，此需求永遠無法得到滿足。這是發揮所有潛力的直覺需求——發掘世界的意義與眞理——體驗和諧。

現在我們討論麥葛瑞格。他在 1960 年的書《企業的人性面》（*The Human Side of Enterprise*）中，揭露了員工激勵的兩種對立理論。他只單純地稱它們爲 X 理論、Y 理論。

X 理論 此理論假設人們：
- 不喜歡工作，能避免，就避免。
- 要被控制和威脅，才會努力工作。
- 不喜歡負責任，喜歡被指揮。
- 希望覺得工作有保障。

X 理論假設人們的工作目的只是爲了滿足生理需求和安全需求——

為了金錢和保障。管理者的工作就是要設計（或安排）工作，以報酬和福利向員工提供誘因。麥葛瑞格指出，當這些需求被滿足之後，它們就不再是激勵因素。同時，員工要尋求滿足工作以外更高層次的需求，他們從工作中得到滿足的唯一來源，就是不斷要求更多的金錢。麥葛瑞格認為，在大規模生產作業上，X理論比Y理論更切合實際。

Y理論 Y理論會像對待成人一樣對待員工，並假設他們：
- 實際想工作。
- 可用自治方式達成公司目標。
- 如果高層次需求被滿足，則會更加投入。
- 能夠接受責任，甚至積極尋找責任。

赫茲伯格的激勵—保健理論

學者之間對於員工激勵的研究已是相當豐富。美國心理學家赫茲伯格（Frederick Hertzberg）發展了激勵—保健理論，又稱為雙因素論。此理論的論點是：造成員工工作不滿足的因素，完全與造成工作滿足的因素無關。造成滿足的因素稱為激勵因素；造成不滿足的因素稱為保健因素。

激勵因素
- 成就
- 賞識
- 工作本身
- 責任
- 發展
- 成長

保健因素
- 公司政策
- 監督
- 與老闆的關係
- 工作環境
- 與同事的關係
- 薪資

赫茲伯格認為，這兩種感覺並不是相反的。滿足的相反面，不是不滿足，而是沒有滿足。保健因素會造成不滿足，如加以正面處理，也不會產生激勵作用，只是不再不滿足而已。激勵因素來自工作內部，而影響不滿足的因素是工作外部因素，赫茲伯格稱之為KITA因素（踢屁股因素），也就是它們不是提供誘因，就是處罰的威脅。

赫茲伯格的忠告是，使工作豐富化。工作要有足夠的挑戰性，才能夠充分發揮員工的能力，而不斷顯示能力越來越強的員工，要承擔更多的責任。如果員工不能透過工作施展所長，就要將此工作自動化，或雇用一名技術較差的員工。

• 具有想像力與創造力，可將其才華用在解決工作問題上。

根據 Y 理論，公司有許多讓員工充電的選擇。公司可以授權，將決策權力分配給更多幕僚。工作規格可以再擴大，就像授權一樣，可滿足尊重需求。員工可以加入到決策過程，並讓他們提供意見、發揮創意，並且讓他們對於工作有一些掌控權。這種激勵方式會比 X 理論更能激勵員工，因爲它允許員工在工作上滿足較高層次的需求。

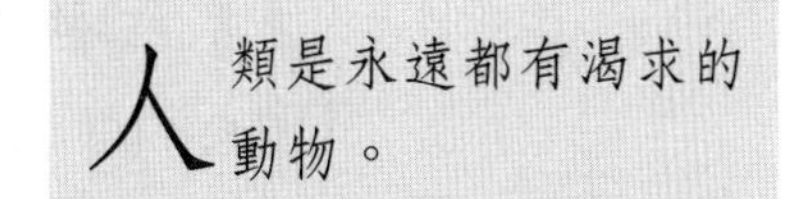

麥葛瑞格認爲，Y 理論最適合應用在專業服務及知識工作者，對於參與式的問題解決特別有助益。他的構想有時被稱爲「軟性」管理，而 X 理論只得被稱爲「硬性」管理。也有人分別稱 X 理論、Y 理論爲「參與式」相對於「權威式」。實驗顯示，Y 理論比較缺乏彈性，而它大部分的精神，被稍後的管理理念，如「賦能」所吸收。雖然麥葛瑞格的經驗是美國公司，但英國和歐洲方面的「觀衆」，也欣然看到他們的公司結構，被其著作所驗證。隨後，有第三個管理模式出現，就是讓西方公司在 1980 年代感到不自在的——日本式模式。

如日中天的日本工業與金融業，吸引了許多對其公司結構與實務羨慕的眼光。日本公司的實務與西方公司截然不同。日本公司實施終生雇用、集體式決策、內隱式而不是外顯式控制機制，以及百分百對員工福祉的關心。雖然這些顯然會造成承諾度高、士氣高昂的工作人員，但由於太「非西方」，所以模仿起來大有困難。

Z 理論　1980 年，夏威夷出生的大內（William Ouchi）出版了《Z 理論》（*Theory Z: How American Management Can Meet the Japanese Challenge*），書中他提出一個合併美國與日本最佳實務的模式——提供終生工作保障、百分百關心員工及其家庭，但個人要肩負責任，並混合採用外顯式與內隱式控制機制。根據大內的說法，結果是穩定的就業、高生產力與高士氣。

【核心觀念】造成員工有幹勁的因素是什麼？

45 引爆點
Tipping point

前美國國防部長倫斯斐（Donald Rumsfeld）曾用「引爆點」來描述伊拉克戰爭的定位尚未達到。他與其他人所說的「引爆點」卻已超過了他們自己的引爆點，企業也已一躍而上了這條列車。

> 世界不跟著我們的直覺走，雖然我們極想要如此。
>
> *Malcolm Gladwell, 2000*

如果在網路上快速瀏覽一番，你就會發現這個術語，通常前面會再加上「我們到達了……」，這可以應用到伊拉克戰爭、對伊拉克戰爭的意見、阿富汗戰爭、線上媒體、石油、各種專有軟體的品牌、線上廣告、線上影片與自閉症。網路也顯示了許多企業用它來當商標名稱，包括廣告公司、行銷公司、訓練公司以及，奇怪的，IT 安全公司也選用了它來當商標。

「引爆點」是美國政治科學家葛羅金斯（Morton Grodzins）所提出的術語；他在 1950 年代晚期研究鄰居的整合，發現如果有幾家黑人搬進白人社區，白人家庭會待上一段時間；但如果有「太多家」黑人搬進來，白人就會很快大量搬走。這個「大量搬走」的時機就是引爆點。2000 年此原則被紐約記者葛來威（Malcolm Gladwell）在其具有同樣名稱的書中戴上新帽子。書本的次標題揭露了主題——小事情如何造成大不同。

歷史大事年表

1958 引爆點

1968 變形蟲組織

葛來威一開始就描述 1990 年代 Hush Puppies 如何從只銷售給火車迷「皺紋膠鞋跟鞋子」，一躍成為城裡最熱門暢銷鞋的故事。其年度銷售量從 30,000 雙躍升到 430,000 雙。有哪位行銷者不羨慕這種結果？但這與行銷無關。由於有反潮流的傾向，曼哈頓的那些嬉皮穿它們的目的就是因為太不時髦了！名設計師米茲拉伊（Issac Mizrahi）也穿它們，另外一名設計師也在春季展展示它們，然後又是另外一位。不久以後，好萊塢一家最時髦的商店，也在屋頂上展示了 25 呎可充氣的 Basset 犬——也就是 Hush Puppies 小狗。引爆點就這樣達到了，絕大部分是靠口碑，或者在此例中，靠具有傳染性的模仿。

保羅瑞威爾是聯繫者。

Malcolm Gladwell, 2000

傳染性是關鍵字，葛來威稱這個突發的熱忱為流行病。事實上，在流行病學上，引爆點是非常真實的現象。病毒感染消退和變成流行病傳染，以受害人數而言是沒有多大分別的。這可以說明 Hush Puppies 所發生的事情。但如何發生？葛來威提出了三個原因：少數法則、黏性因素及氛圍力量。

三個領袖 少數法則說明了訊息如要像流行病一樣散播，就需要三種人來引導：

1. 聯繫者——似乎認識每一個人的人，他們可能在不同的社會環境下運作。他們是人際專家，是社會的「膠水」。
2. 內行人——會蒐集某特定主題知識，並願意與他人分享的人。他們是那些能夠記得十年前的價格是多少的人，他們是知道有關音響系統所有細節的人，他們會投稿給報章雜誌。他們是資訊專家、人型資料庫。
3. 銷售人員——就是利用一些伎倆說服你做一些事情的人。他們是

你聽過……？

為了要提高在聖地牙哥黑人社群對糖尿病與乳癌的認知，護理師沙德樂（Georgia Sadler）在城市裡的教堂舉辦了研討會。參加人數寥寥無幾，而且參加的人多少已有概念，只是想要知道得更多。在這裡還沒有引爆點的出現，所以沙德樂需要一個氛圍、一些傳訊者和黏性因素。

然後她有一個想法，將活動從教堂移到美髮店。她訓練了一群美髮專家，並聘請一些說故事專家，教導他們藉由說故事方式來傳遞資訊，然後她就不再干預。她們的聽眾增加得很快，並與這些聽眾建立了特殊關係。就像大多數的美髮師，他們是天生的交談者。他們是聯繫者、內行人與銷售人員三位一體的人。

沙德樂不時地向美髮師提供新的談話內容、資訊和秘訣。漸漸地，越來越多的婦女願意接受乳房攝影及糖尿病測試。它奏效了！葛來威認為：「要造成流行需要將資源集中在關鍵領域上。用少量的資源做許多事情是可能的。」

說服者。

黏性因素比較難界定，但它涉及會使人們密切注意某一構想或產品的傳遞訊息方式。葛來威以電視節目芝麻街為例說明的傳遞訊息的方式，該節目如何改善了數百萬名兒童的閱讀能力，因為布偶把它變得具有黏性。氛圍的力量是指時機、環境必須要對，否則就不會有引爆點。在 1990 年代犯罪猖獗的紐約市，犯罪率下降了 —— 五年內謀殺率降低了 60%，而整體犯罪數少了一半。這要歸功於精明幹練的警察局長，以及最初的消息（譯註：也就是警察要大刀闊斧整頓）不是由民眾所散播，而是在捷運清除塗鴉的清潔工人。這個具有足夠力量的氛圍，就是表達出城市居民的確受夠了。

葛來威相信，群體在氛圍效應中扮演重要角色。威爾斯（Rebecca Wells）的《YaYa 秘密日記》（*Divine Secrets of Ya-Ya Sisterhood*）狂銷 250 萬冊，這要歸功於婦女愛書團體的採用。一旦成為團體的一員，其行為就會受影響。如果電影院擠滿了觀眾，這部片子就會比較有趣、比較刺激。團體所下的結論，必然與個別成員所下的結論不同。葛來威認爲，緊密團結的團體會有力量來擴大某一構想的流行潛力。然而，團體要變得多大，才會失去凝聚力？公司有學到教訓嗎？

Dunbar 數字 研究和經驗告訴了我們魔術數字——最多 150 人——有時稱爲 Dunbar 數字。150 人是能夠維持穩定關係的最大團體。英國人類學家鄧柏（Robin Dunbar）在研究靈長類、史前部落及鄉村規模時，發現到這個數字。哈特教徒（Hutterites）移居者到達 150 人就會分開。在高爾公司（WL Gore Associates）的工廠人數超過 150 人時，就會開設另一家新公司。高爾近 40 年來，每年都有高利潤，並且在美國、英國、德國、義大利，甚至整個歐盟的「最佳工作地點」名單上名列前茅（如果不是第一名的話）。

> 引爆點的理論需要……我們重新建構如何思考這個世界的方式。
>
> *Malcolm Gladwell, 2000*

葛來威相信，高爾已創造一個組織機制，使得新構想更容易發揮。換言之，從某一員工或某一團體成員到整個團體的過程中，克服了記憶、同儕壓力的問題。如果高爾企圖單獨接觸到每位員工，則此完成某項任務會更加艱辛。

葛來威被封爲瞬間管理大師。雖然他仍熱衷於記者事業，他積極地參與巡迴演講。雖然有些人批評他只是說那些顯而易見的事，但他被管理理論學家推崇爲「與明茲柏格齊名的人物」。金與毛柏尼（W. Chan Kim and Renee Mauborgne）深受他的影響而撰寫《引爆點領導》（*Tipping Point Leadership*）一書，此書是有關紐約犯罪消弭專案的個案研究。

46 全面品質管理
Total quality management

如果有人認爲管理是科學，那它就是不精確的科學。管理學鼓勵永無止盡地產生管理構想，但通常這些構想會被淘汰。在管理領域中，令人著實印象深刻的進步，就是在科學、數學掛帥的品質這一塊。大部分的科學來自於美國，但和「人」有關的洞見則是來自於日本。

科學與數學強而有力的組合，在1980年代以全面品質管理（TQM）的名義傳到許多美國公司。這些是自二戰以來在日本逐漸演進的許多理念與工具的綜合，主要的建造者之一，就是美國前普查統計學家戴明（W. Edward Deming），他在1947年被頗具權威的聯軍最高指揮所召喚到日本。他們希望戴明解決日本品質惡劣的問題，而這個問題在日本本土供應的來源特別明顯。

日本產業在戴明手中如囊中物；戴明做得非常成功，因此被奉爲「神人」；他是戴明獎的創始人（這是全國每年頒發最具聲望的品質獎）。他彙集了14點完整的管理理念，呼籲培育改善（精益求精）的文化，並列舉許多創造此文化的方法。其中之一就是「不再依賴大量檢查」（這是傳統品管的方法），取而代之的是品質的統計數據。他要求要有嚴格的教育和訓練，並剔除部門間的障礙與高階主管

> 轉變是每個人的工作。
>
> *W. Edwards Deming, 1986*

歷史大事年表

1897 80:20原則

1940年代 精益生產

改善——小即是美

改善（kaizen，持續的改良）通常是指企業進行漸進式的小規模改變。改善是全面品管的核心部分，後來被精益生產所採用。它可以是一個極有效的工具，但它不能單獨被使用。它只能在這樣的組織才能運作：從老闆到基層員工都被鼓勵要參與，並創造一個友善的環境，使品管圈能順利運作。

大規模的改善（量子跳躍）似乎更吸引人。但是量子跳躍的風險很大，而且由於它會影響許多人和許多程序，所以很難推動。小規模的改善比較簡單（因為構想來自於人員本身）、比較快、比較便宜、風險不大，同時它可以累積到一個點，使得其效應大於量子跳躍。由於這個方法鼓勵員工「擁有」其工作，因此它會具有高度的激勵作用。管理者要持續地注意，是否有必要進行急遽改變的情況變化，因為這種變化不太可能從改善產生。

曾經風行一段時間，但常被誤稱的「改善閃電戰」意指「急遽」改良，這是 一次性的、局部性的、小規模的改良；團隊成員將手邊的任何事擱置一星期或十天，來改善一個程序。

的大量涉入。他也提倡重複利用 PDCA 週期來持續改善。PDCA 就是計畫（plan，蒐集數據、分析問題擬定解決方案）、執行（do）、檢查（check，衡量改變）以及行動（action，如有必要做修正）。

美國人杜倫（Joseph M. Duran）是另一個具有強烈影響的人。他說道：「品質不是在意外中發生的。」這就是其品質三角論的起始點：品質規劃、品質控制與品質改善。提出魚骨圖（fishbone diagram，一種解決品質問題的工具）的 Kaoru Ishikawa 也是發展全面品管方面的重要人物。費根邦（Armand Feigenbaun）於 1951 年

我們被最佳的努力給毀了！

戴明的第二理論

（*Deming's Second Theorem*）

1951 全面品管　1981 日本式管理　1986 六標準差

的書中，首度使用全面品質控制（Total Quality Control）這個術語。隨後，Ishikawa 把全面品質控制中的 control 改成了 management。

雖然許多元素被後續的方法論所引用，但全面品管本身失去了風采。在它光輝的歲月，它已儼然成爲公司的整個生活方式，而且要由高級主管來統籌。當它失去光輝時（這是西方公司的一貫伎倆；它們總是喜新厭舊），它注定要失敗。雖然全面品管只針對個別部門，但整個公司都曾加以沿用。它從顧客觀點來看品質和商業程序，雖然此「顧客」可能是公司內的同事，也就是你交辦工作的人，或接受工作指派的人。

改善方式 全面品管有兩個崇高的目標── 顧客整體滿足（內部與外部），以及零缺點。這並不表示錯誤不會發生，而是流程本身並不假設有失敗率。改善的原則深植在全面品管之中，並被視爲是維持顧客高度滿足的唯一方法。其他的核心原則有：預防勝於治療；設計瑕疵品比較不費神；品質牽涉到每個人；在發現品質上的問題以及提供改良建議方面，員工扮演關鍵角色。

最後的原則產生了品管圈，這是全面品管的另一個特性，而且也是員工賦能的方式。由於品管圈與改善是焦孟不離的，它們通常被稱爲改善團隊（kaizen teams）。這些是做同樣工作的一群人（人數不太多）。定期的聚會以解決與工作有關的問題（通常使用魚骨圖）。品管圈的指導方針如下：

- 他們應該是自願的；沒有人會被強迫參加。
- 他們應定期聚會，由主管領導，開始時時間大約是每週一小時。問題越複雜，開會的次數就越多。
- 他們應在正常工作時間聚會，但要在不受工作職場干擾的地方。
- 每次開會都要有明確的議程和目標。
- 品管圈在需要時，能夠請到專家的協助，並且要有自己的預算。

當品管圈在美國風行時，波興（Pershing）飛彈專案的前品質控制主任克羅斯比（Phil Crosby）替美國企業蒐集了許多構想。他稱之爲「零缺點」，而其標語之一就是「第一次就做對」。他列舉了品質管理的四項要件：

1. 品質需與要求一致。
2. 品質預防勝於品質檢驗。
3. 零缺點是品質績效的標準。
4. 品質是以金錢來衡量，衡量要求不一致的代價。

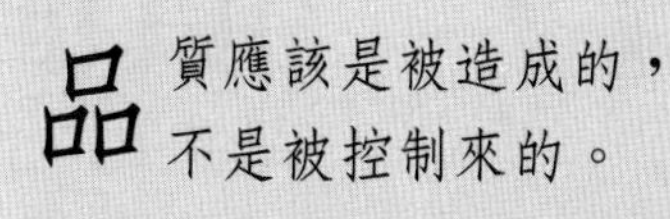

他也認爲，管理當局必須爲品質肩負全部責任，並以「品質改善團隊」的形式來引進品管圈，鼓勵員工設定自己的目標。他估計，製造商花費 20% 的利潤在做錯誤的事情，而且一錯再錯；而服務公司花費高達 35% 的營業費用在做錯誤的事情。這就是品質的成本。只要它們花錢矯正錯誤，就可以回收這些成本，說不定以後還有額外的競爭利益。所以克羅斯比說過：「品質是免費的」，這也是他1979年書籍的書名。

全面品管最擅長既有流程的最適化，但如果是新事物則不太擅長。此方法假設較好的品質是所有問題的答案。有人觀察到，全面品管的大部分元素已成爲 ISO9001 國際製造品質標準的一部分。

【核心觀念】零缺點，百分百顧客滿足

47 價值鏈
Value chain

自從杜拉克以來，麥可•波特對管理提出的偉大構想無人能出其右。他的主題是在競爭力方面。如果公司希望有競爭優勢，它就要透過「競爭性」這個稜鏡，來檢視所做的每件小事情。他的五力模型就是評估廠商外部競爭力量的工具。而爲了分析廠商的內部競爭性，他發展了價值鏈的觀念。

波特將創造產品或服務的所有相互關連的活動，視爲複雜鏈的連結。每一項活動都會有成本，而且每一項活動會替最終產品貢獻價值。廠商希望以超出成本總數的某特定價格（價值的整合層級），將最終產品銷售給消費者。這個差距就是利潤邊際。波特鼓勵公司分析鏈中的每一個連結的競爭性。他將廠商活動分爲二部分：

> 價值就是顧客願意支付的東西。
>
> *Michael Porter, 1985*

基礎活動 是指直接涉及製造產品或遞送服務的活動，包括：

• 進料後勤：接受與儲存來自供應商的原料，然後將它們配送到所需要的地方。

• 生產作業：裝配、製造產品或遞送服務。

• 出貨後勤：儲存與配銷產品。

• 行銷與銷售：針對說服顧客購買產品的活動，包括定價、通路選

歷史大事年表

1950 供應鏈管理

1980 競爭五力

麥可•波特（1947— ）

在哈佛商學院的某同事曾經這樣描述波特：「也許是世界上最有影響力的企管學者。」許多人認為，「也許」這些字是多餘的。沒有其他的管理思想家，不論是否在世，在受到尊敬方面，會如此接近彼得•杜拉克。

波特與杜拉克是截然不同的人物。杜拉克是願景家，永遠將「人」放在其理念的中央位置。波特的論述不太涉及人，而是從頭到尾百分之百的學者 —— 冷靜的分析、討厭作秀；哈佛封他為「大學教授」—— 這是極難得的榮譽，並為他建造了策略與競爭學院，讓他致力於更深入的研究。

這項研究工作再加上競爭性已從公司層級擴展到整個國家。《國家競爭優勢》（*The Competitive Advantage of Nations*）出版於 1990 年，之後他就發表單獨的競爭研究，包括紐西蘭、瑞士、瑞典、加拿大（充分發揮自己的競爭優勢）。他也被認為是世界上報酬最高的學者。

他在國家競爭性的論述中，有一部份特別強調「工業集群」的價值，例如好萊塢、矽谷、劍橋的矽芬（Silicon Fen）。引起他興趣的其他領域還包括內部城市開發、鄉村開發、公司社會責任及創新。在他出版的 17 本書中，最新出版的是《重新界定健保》（*Redefining Health Care*）以及《日本有競爭力嗎？》（*Can Japan Compete?*）。（答案是有，如果它放棄官僚式資本主義的話）。日本現在頒發年度波特獎，以推崇在策略上的成就。

擇或廣告。

• 服務：購買產品後的支援，包括安裝、售後服務及客訴處理。

支援活動　可改善基礎活動的效率或效能，包括：

• 採購：購買所有的產品、原料及服務，以創造產品或服務（這就是「價值創造」活動）。

• 技術開發：研發、自動化以及技術的其他使用，以支援價值創造活動。

• 人力資源管理：雇用與遴選員工、訓練、發展、激勵和報酬。

• 公司基礎建設：組織與控制、財務、法律與資訊科技。

在實現這些策略上非常重要的活動時，公司可用比競爭者更便宜、更好的方式，來獲得競爭優勢。這些活動可用鏈來連結，而每一項活動的績效或成本會影響另外一項活動。這些連結非常重要，包括資訊的流通，以及產品和服務的流通。例如，行銷與銷售必須及時地提供確實的銷售預測給不同的部門。然後採購才可以訂購正確數量的材料，並在正確的日期內送達。進料後勤會準備好，而生產作業可安排生產，以達成遞送目標。

在實務上另一個連結的例子；如果重新設計某產品以減少製造成本——但不經意地發現如此一來反而會增加服務成本。在執行價值鏈活動與管理其連結方面，廠商做得越有效率，利潤就越高，或者像波特說的，「產生卓越的價值」。

瞭解成本　在追求波特所說的兩個基本競爭策略（成本優勢或差異化）方面，價值鏈分析非常有用。個別的活動會讓我們更瞭解成本，以及在價值鏈中如何搾出某特定活動的成本。它也可以幫助公司決定在哪一項活動方面，會做得比競爭者好，以掌握差異化的機會。價值鏈活動分析也可指明，哪一項活動的外包是有意義的選擇。

> 對類似的活動而言，比競爭者做得更好，也許對獲得卓越績效是重要的，但是會讓公司捲入競爭的漩渦，而不是在獨特性上爭勝。
>
> *Michael Porter, 1985*

廠商可藉著減低價值鏈中個別活動的成本，或者重新建構價值鏈，來增加成本優勢。重新建構可能表示引進新的生產流程或新的配銷通路。例如聯邦快遞重新建構其價值鏈，並藉著自購飛機與發展「螺旋形中心」的結構，轉變其飛航服務。

波特從價值鏈活動中挑出了一些影響成本的因素，包括規模經濟、產能利用、活動間的連結、學習、事業單位間的相互關係、垂直整合的程度、進入市場的時機與地理位置。如果能比競爭者更有效地控制這些活動，就可以創造成本優勢。

選擇差異化的廠商可在價值鏈的任何部分尋找優勢。例如，在採購方面，稀少而獨特的生產要素，就可以創造差異化，而提供高檔顧客服務的配銷通路也可以。重新建構價值鏈以獲得差異化，可能會涉及某種形式的垂直整合——購併某客戶或某供應商。差異化講求的就是獨特性，但是差異化需要創造力，而且所費不貲。

波特特別挑明了獨特性的各種驅動力，並提醒許多驅動力也是成本驅動因素，包括政策與決策、連結、時機、位置、相互關連性、學習、整合和規模。廠商的價值鏈不是一座孤島，而是更廣的供應鏈（包括供應商通路與顧客）系統的一部分，這些構成了波特所謂的「價值系統」。

在各鏈之間有連結，而且多少以正式的方法連結。垂直整合（購併供應商或顧客）可加強控制，但合作方爲上策。例如許多組件供應商同意將其工廠遷到比較接近汽車製造商的地方。就像對內部連結的良好管理一樣，企業能否創造與保持競爭優勢，完全取決於它在外部連結管理方面，乃至於整個價值系統的管理方面做得有多好。

【核心觀念】透過連結，增加競爭性

48 戰爭與策略

War and strategy

戰爭就是商業的別名——在 1980 年代，這想法深植在許多企業領導者的腦中。這並不是說他們只想摧毀敵人——雖然有些人的確做到——但他們相信他們應該像成功的將軍一樣運籌帷幄之中，決勝千里之外。

> 在策略上，每件事都非常單純，但並不簡單。
>
> *Carl Von Clausewitz, 1832*

雖然想做成功的將軍，不再是時髦的玩意兒，但是大型企業的領導者對於當個名將還是情有獨鍾。他們認爲，「將軍」是那個時代出類拔萃的人，雖然在當時「貿易」是不受尊重的字眼。因爲生不逢時，想當上將軍的人不如選擇一個產業並成爲管理層。將軍們所做的與企業主管並無不同：規劃、組織資源、激勵一大群人，達成既定目標。

再造奇異公司的前執行長威爾許並不諱言崇拜克勞塞維茨（Carl Von Clausewitz），據說他的文章在理論上精鍊了拿破崙的實戰。克勞塞維茨在滑鐵盧擔任過普魯士的幕僚長。他的《戰爭論》（*On War*）是在他過世後才出版的（1832 年出版）。「策略形成了作戰計畫」，克勞塞維茨寫道，但他也體認到有時必須改變計畫的事實。所以策略必須「隨著戰場上的部隊而移動，以便當場讓敵人出乎意料之外。」他補充道：「策略時時刻刻都不能離開工作」。

歷史大事年表

紀元前 500 年	1897
戰爭與策略	合併與購併

就像上述的引述，克勞塞維茨對策略方法是描述性的，而不是規範性的，這也是吸引威爾許的原因。威爾許有一次引述管理者的信，說它捕捉了他大部分對策略規劃的思維：「克勞塞維茨總結了所有的事情……人不能將策略小看成是一個公式。由於遭遇到無可避免的因素，即使在縝密的規劃也不免失敗；這些因素有隨機因素、執行不力、反對者的阻撓。相形之下，人的因素就比較重要：領導、士氣及作爲將軍的直覺。策略不是冗長的行動計畫。它是在詭譎多變的環境下，從中心思想演變出來的東西。」

波士頓顧問群特別受到克勞塞維茨的吸引，並出版一本有關於他的書。然而，並不是普魯士士兵，而是一名中國將軍，特別能掌握 20 世紀西方老闆們的精髓。受困於日本進口車的猛攻，西方老闆向東方尋找反擊的對策。他們從日本方面獲得的東西不多，但從中國卻得到不同凡響的孫子兵法。孫子是周朝末期的卓越將領，而且他的書（如果是他寫的話，這點我們不清楚）可追溯到西元前 500 年，也就是在孔子與老子的年代。

> 用戰爭的藝術來形容，比戰爭的科學來得到位。
>
> *Carl Von Clausewitz, 1832*

格言天堂 長久以來頗受西方人士的稱羨，孫子兵法旨在檢視策略，同時又充滿著格言（或警語）及洞察力。全書共有 13 章，它告訴我們如何做到策略規劃與發展、謀略、戰場的從容、面對正面衝突以及利用情報。策略是組織的「偉大工作」，絕對不能忽略對它的研究。它有五個基礎：

- 道：團體間共有的理想，這種感覺使他們不怕危險。
- 天：日、夜、冷、熱、及時間消逝。
- 地：近、遠、受阻礙、輕易、生存或死亡的機遇。
- 將：智慧、可信、人性、勇氣、紀律。

孫子說

- 知可以戰與不可以戰者勝，識衆寡之用者勝，上下同欲者勝，以虞待不虞者勝，將能而君不御者勝。
- 故用兵之法，十則圍之，五則攻之，倍則分之，敵則能戰之，少則能守之，不若則能避之。故小敵之堅，大敵之擒也。
- 百戰百勝，非善之善者也；不戰而屈人之兵，善之善者也。

- 法：彈性。

孫子知道戰爭不能獨立於政治與經濟。事實上，戰爭中最具決定性的五個元素是：政治、及時、有利的地理位置、指揮官與法律，而政治最爲重要。與當代理念不謀而合的是，孫子認爲要以最低的成本來贏得戰役，而贏得戰爭的最佳方法，就是透過政治策略。他也認爲，知己知彼，百戰不殆（利用間諜）。

管理者的教訓？ 做爲執行長的手冊，孫子兵法引起了許多評論，以及管理叢書（「從……得到的管理教訓」）的出版（隨便估算，至少有 50 本）。其中之一就是麥可納利（Mark McNeilly）的《孫子與商業藝術》（*Sun Tzu and the Art of Business*），書中他萃取了管理者的六個原則：

1. 獲取你的市場而不要破壞它。如果可能，要避免正面衝突。價格戰會迫使競爭者做立即而激烈的反應，最後造成兩敗俱傷。「在戰爭中，不戰而屈人之兵才、不損及城池是上策，而非百戰百勝。」
2. 避免競爭者發揮其力量，攻擊其弱點。「敵人像水；水往低處流，所以要避免敵人力量的發揮，攻擊其弱點。」
3. 利用預知與欺騙來達到商業情報力的極大化。「知己知彼，百戰百勝」。
4. 利用速度與準備來迅速征服競爭者。速度並不是急躁——它需要許多準備。「依賴臨場應變能力，而不事先準備是是一項錯誤。凡是準備好以備不時之需，才是最大的美德。」

5. 利用聯盟和策略點去「塑造」你的競爭者，並使他們配合你的意願。「熟練戰爭的人會把敵人帶到戰場，而不是被敵人牽著鼻子走。」
6. 發展領導者特質，以造成員工潛力的極大化。「以寬厚、正義與正當對待部屬，並表露對他們的信心時，部屬就會團結一致，樂於被領導。

孫子兵法在受到追捧時，將軍已經從策略模範中退休；而被運動體育隊伍所取代。

49 網路2.0
Web 2.0

除了幾個具有遠見的例外，商業對新點子的反應很慢，即使有點反應，也遲早銷聲匿跡。有一群早期人士將新點子變成競爭優勢，但當每個人都迎頭趕上時，這些新點子又變成常模，然後又是一個新的循環的開始。這個現象能夠描述每件事情，而通訊科技也不例外，也許更甚——商業大量使用了電報、電話、電傳、傳眞。現在網際網路出現了，它衍生的事業也充斥在市面上。有些人相信，商業上最危險的字眼，就是「這一次不同」。

通訊科技，如對包交換、網路化的構想於1960年代出現在麻省理工學院，而透過電話線連結電腦的通訊網路則建立於1965年。但直到1980年代企業才嗅到發展的可能性，而第一次網際網路出現在商展（Interop）是在1988年。網際網路是無所不能的基礎網路，但企業對其應用更感興趣，例如電子郵件的訊息傳遞系統，以及利用瀏覽器來檢索網頁、分享資訊。

公司馬上體驗到以電子郵件做爲溝通媒介的好處。但是由於垃圾郵件太多，它做爲行銷通路的功能已大打折扣。這些公司及其顧客是以比較試探性的態度來看Web，而許多架設網站的公司也只是提供資訊而已（譯註：網站發展有四個明顯的階段：發表、資料庫檢索、個人

歷史大事年表

1950年代早期	1958	1964
通路管理	引爆點	行銷4P

化互動、及時行銷，作者所描述的顯然是在第一階段）。在企業對企業（B2B）的交易成氣候時，電子商務增加許多吸引力。當消費者對安全的顧慮無虞，再加上對線上購物（例如購買書籍、假期）覺得滿意之後，電子零售的生意就會變得越來越興旺。低的交易成本反應到低價，因此 2006 年，線上銷售成長了 50%，佔全英國零售的 10%，雖然在美國此比例仍然維持在 3% 左右。對敏銳的製造商與服務提供者而言，這表示專注於新的配銷通路的趨勢。但是媒體可能感受到融冰效應，因爲越來越多的人，選擇透過部落格、社交網站（如 MySpace）來獲得訊息，而不是印刷媒體和電視。

> 網際網路使得企業能夠建立一個新的事業結構，並以它做為競爭策略的基礎來挑戰老式的公司結構。
>
> *Don Tapscott, 2001*

點一下就關門大吉 —— Web 顯然不會摧毀傳統商店，即使在美國也是如此。許多過去用傳統方式採購的人，現在紛紛做線上購買決策，藉由來回點選於不同網站，來比較價格和規格。另一方面，許多商店變成展覽室，顧客先到實體商店感受產品，然後再上網訂購。「谷歌」（當動詞用）一家公司或產品變成了流行的語言，對許多人而言，這是採購和尋找資訊整體活動的一部分。公司不但要有網站，而且此網站要有相當的「黏著性」，不然消費者只點選一次就不會再度光臨。

達康公司的泡沫化是給新公司的當頭棒喝 —— 至少短時間是如此 —— 而這個現象似乎是在報復覺得線上革命熱過頭的人士。波特不認爲網際網路從過去脫離出來，而是持續演進的 IT 的一部分。但《數位資本》（*Digital Capital*）一書的共同作者戴普斯考（Don Tapscott）完全不同意，他認爲網際網路已做大幅改變。他稱之爲 21 世紀的新基礎建設 —— 「網際網路是一個機制，而透過此機制，個人及組織可以交換

病毒式行銷（Virus Marketing）

病毒式行銷，透過人群將訊息散佈到廣大群衆，就像傳染病一樣，現在變得越來越複雜。因為廣告商在網站上爭先恐後地引起注意，再加上 Web 社群變得越來越挑剔之故。如果老一代的行銷經理，仍然有勇氣嘗試，郎（Karl Long）是一位部落客（也是諾基亞遊戲群的 Web 整合經理）指出，成功與投資大小無關。他建議三步驟的病毒式行銷：

實驗一 將之視為創新練習。透過部落格、微博、播客（Podcast，由 iPod 和 broadcast 拼綴而成）、專用界面工具集（widget）、社交網站，建立一個社群媒體實驗的組合。失敗不僅是一個選項，而且是必經之路。「快點失敗，成功就離你不遠」。

監控一 社群媒體提供許多行銷工具，使得衡量，以及在市場上及時監督你的點子變得可行。Technorati、del.icio.us、Blogpulse、PubSub 是一些察看點子有無被分享、哪個點子行得通的工具。監控不只是衡量而已，它也包括傾聽。注意那些對話、反應及閒言閒語，你就會有豐富的訊息。

反應一 當事情開展時，你最好準備好要做反應，並參與交談。你會誇大所發生的事情？你會反映所發生的事情？你會活用所發生的事情？祝你享樂其中，願你有幽默感。病毒式行銷其實只有一條法則，那就是「不要太過認真」。

金錢、進行交易、溝通事實、表達意見以及共同合作開發新知識。」雖然波特認爲，全球普遍的採用，會使網際網路做爲競爭優勢的來源變得「中性化」；戴普斯考反駁道，它可使公司創造獨特的產品、剔除浪費、實施差異化、接觸新的供應商和顧客。事實上，現在的 Web 與其原始版本（相當被動的網頁）大不相同。今日的 Web 是你可以處理並完成事情的地方。

參與，不是出版 戴普斯考的論點：「Web 已變成超越商場與黃頁的混合」是正確的。如果 Web1.0 是出版，Web2.0 就是參與，出版商歐瑞利（Tony O’Reilly）說道，而他的公司在 2004 年澄清了這第二階段的觀念。「維基」網站是非常標準的 2.0：它可讓使用者增加或編輯其內容（維基 wiki-wiki 是夏威夷語，代表「快」的意思）。最有名的例子就是維基百科。它是線上百科全書，每個人都可以增添內容，但有時候越加越糟。有些公司利用維基來建立會前議程或開發新點子。在有些場合，維基人潮會超過企業內網路（intranet）人潮。（譯註：Web 2.0 是指網路內容服務化的趨勢，強調「分享互動」與「使用者體驗」的意識；並透過互動式技術，如 Ajax 及 RSS 等，提供深度的使用者體驗及服務。取材自：http://taiwan-water.blogspot.tw/）

> eBay 的產品是其所有使用者的集體創作，跟網際網路一樣，eBay 有機式的成長響應了使用者的活動。
>
> *Don Tapscott, 2001*

合併內容 Web2.0 網站有軟體和數據替你工作；你無需下載這些套裝軟體就可以作業（譯註：指雲端運算）。Web 的超連結更帥，它可以透過社交網站、部落格來連結人們，或者合併不同的內容來源到同一個網站上。合併內容（mashup）曾被用來幫助受卡翠納颶風之害而流離失所的紐奧良居民找工作；他們在網站上鍵入所要找的工作種類，然後網站就會搜尋 1,000 個工作板（事求人），並將其地點呈現在谷歌地圖上。病毒式行銷企圖善用社會連結來創造「口碑」，並透過 Web 來增加對產品或服務的認知。

Web2.0 公司，如 eBay、Skype，是在 Web 上出生的。只要有人使用它們、留下一則評論或增加一名聯絡對象，它們就是為自己、為其他的每個人改善工具。戴普斯考說道：「每次我們上這些網站，我們就是在替 Web 寫程式。」然而，非網路公司也還在適應並摸索 Web2.0。一些公司已創造了第二生命，也就是 Web 的一種數位世界。出版家企鵝（Penguin），也許有些急躁，發起了維基小說專案，稱為百萬企鵝，企圖吸引各層次的才華人士。創新機會顯然存在，但 Web 社群需要細心經營。研究顯示，在 Web 上成功的品牌，會產生情緒上的裙帶關係；不僅被創造它們的人，同時也被使用它們的人所「擁有」。

50 你眞正從事何種事業？

What business are you really in?

公司每一碰到藍月，眞正的革命性構想才會出現，也就是要戴一副新眼鏡來看東西。而視力矯正正是李維特（**Theodore Levitt**）向經理們提出具有諷刺性的、煽動性的，而且甚有影響力的行銷文章《行銷短視》（***Marketing Myopia***）中所揭櫫的道理。這篇文章於**1960**年發表於哈佛商業評論，它的主題可能是關於行銷，但實際上是關於策略。

在已開發國家的企業，沒有一家不「重視顧客」的——至少它們自認爲如此。所以很難想像當它們不是的時候。但在1960年代早期的確如此，尤其是當李維特大肆抨擊而震撼美國產業時。他一開始就指出，每一個主要的產業過去都成長過，有些仍然還在成長，但被經濟衰退的幽靈所纏繞。產業停止成長的原因，不在於市場飽和，而在於管理失敗。他提到，儘管旅客需求改變以及貨物運輸衰退，鐵路業並沒有因此停止成長。事實上，鐵路業在成長。但是今日鐵路業碰到麻煩，並不是因爲需求被其他交通工具（汽車、卡車、飛機，甚至電話）所滿足，而是無法被「鐵路」本身所滿足。它讓其他交通工具搶走顧客，因爲它假設自己在鐵路業，而不是在運輸業。它會將行業定義錯誤的原因，在於它是鐵路導向，而不是運輸導向；它是

> 公司要幸運，最佳的方法就是創造自己的命運。
>
> *Theodore Levitt, 1960*

歷史大事年表

1450 創新

1938 領導

李維特（1925-2006）

經濟學家與哈佛大學教授李維特以他的一篇《行銷短視》奠定了在當代管理的地位。這篇文章是他在《哈佛商業評論》長期刊載 25 篇文章中的一篇，其結合了冒險性思想家與熱切作家的精神。讀者也這麼認為；出版後的一週，超過一千家的公司訂購了 35,000 份影印本，現在總數已經飆到 850,000 本。

李維特出生在德國，十歲時隨父母移居俄亥俄州但頓市。在小學時代，他就與人共同創立報社，之後在當地報社擔任體育記者。他透過函授課程完成高中教育，但他的教育被二戰及從軍所打斷。之後他迎頭趕上，並獲得經濟學博士學位。在擔任石油業顧問之後，他在 1959 年進入哈佛大學，並在哈佛終其一生學術職業生涯。

李維特不僅替《哈佛商業評論》撰文，從 1985 年到 1990 年還擔任評論的編輯，使該評論少了學術味，多了普及率。如果他沒有寫《行銷短視》，也可能因為將「全球化」加以普及而受到懷念。他在 1983 的文章《全球化市場》（*The Globalizations of Markets*）中，用到這個字。

產品導向，而不是顧客導向。

娛樂，不是電影　好萊塢未被電視的誕生所擊敗，但只是表面上。許多大型製片場都曾歷經巨幅的重組，有些甚至從此消失。它們碰上麻煩的原因，不是因爲電視的入侵，而是因爲製片商的短視。它們認爲自己在從事電影事業，而不是娛樂事業。它們輕忽了電視，事實上它們應視電視的出現爲機會的來臨。李維特懷疑地問道：「如果好萊塢是顧客導向（提供娛樂），而不是產品導向（製作電影），它們在財務上就

> 行銷與銷售不只是語意上的差別。銷售著重在賣方的需要，而行銷著重於買方的需要。
>
> *Theodore Levitt, 2001*

可暫時免於受難了嗎？」

李維特堅持，沒有成長產業這回事，只有能夠創造及擅用成長機會的公司。衰亡、停止成長的公司，會有以下四種迷思中的一種或以上：

- 我們的成長是被較富裕或更多的人口保障。
- 對我們產業的重要產品而言，沒有競爭性的代替品。
- 我們能透過大量生產（由於產量增加，單位成本迅速降低）來自保。
- 卓越的研發會保證我們的成長。

李維特提醒到，成長的市場會使製造商疏於努力思考或不再具有想像力。如果你的產品市場會自動擴張，你大概不會思考如何擴大此市場。他譴責石油業相信前兩項迷失，且集中於改善獲得與製造產品的效率，而不是改善其原始產品或行銷。

再見馬車鞭　誰也不能預測產品何時變得老舊過時。如果公司的研發部門沒有使產品過時，別人也會。當汽車出現時，沒有任何方法可以挽回馬車鞭製造業的衰敗。如果公司把自己想成所從事的是運輸業，它就會轉而製造風扇皮帶。

李維特指出，在大量生產業中，數量可能是陷阱和幻覺。「產品增加，單位成本巨幅下降的事實，是大多數公司難以抗拒的……將所有的努力集中在生產，結果是行銷被忽略。」對研發的固執也同樣的危險，這也會產生幻覺：卓越的產品會自我銷售。同樣的，行銷被忽略了！在這些案例中，公司自認爲是生產產品與服務的公司，而不是提供顧客滿意的公司。它們應反向思考。「產業始於顧客的需求，不是專利權、新材料或銷售技巧。」顧客需求受到照顧之後，產業就要反向發展，從交貨、創造以及最後尋找材料。

銷售並非行銷　李維特並非意指銷售可以被忽略。他說：「但是銷售並非行銷。銷售本身涉及如何將人們的荷包變成你的產品的噱頭和技巧。它不涉及交易所產生的價值。而且與行銷截然不同的是，銷售並不將整個商業程序視爲在發掘、創造、喚醒及滿足顧客需求方面，所投入的整合性努力。」

> 人們實際上並不是買汽油，而是買開車的權利。
>
> *Theodore Levitt, 1960*

李維特認爲，打造一個顧客導向的有效公司，所涉及的不只是好的意圖或行銷噱頭，它涉及人類組織與領導的深奧課題。公司需要有幹勁十足的活力領導者，也就是一個有願景的人，他（她）可以造成大量的熱心追隨者，「在商業上，追隨者就是顧客。」

李維特再三強調，管理者不應把自己想成是產品生產者，而是在提供顧客滿足感，而且必須將此理念灌輸到公司每個角落。公司要把自己想成是在「收買顧客」，而執行長的責任就是創造這個態度和抱負。李維特結論道：「執行長必須塑造公司的風格、方向及目標。這表示他或她清楚知道要去哪裡，而且要確保組織內的每一個人都知道要去哪裡。這就是做爲領導者的第一要件，因爲只要領導者知道要去哪裡，任何路都可帶他前往要去的地方。」

【核心觀念】公司是滿足顧客需求的組織

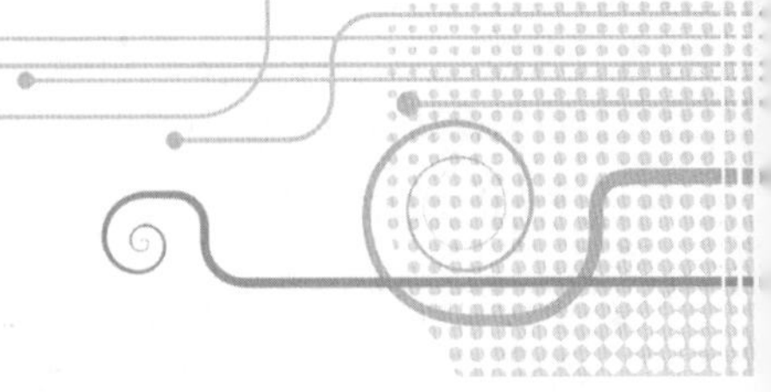

專有名詞表

Amortized cost（攤銷成本）：耗費的資產價值，故其成本應分數年從利潤中加以扣除或攤銷。年數越長，每年攤銷的成本越少。

Barriers to entry/exit（進入／退出障礙）：阻礙新加入者進入或既有企業退出市場的因素。通常涉及成本或技術，故又稱為「進入成本」。

Bricks and clicks（傳統公司和網路公司）：同時使用網際網路與實體店面，做為互補性的配銷通路，有時被稱為「Clicks and mortar」。

Capital（資本）：用以產生收入的財務與實體資產，包括投資於商業的金錢（共有資本）或借來的金錢（借貸資本）。投資者期望獲得投資資本會有報酬（ROCI，投資資本報酬率）。

Clicks and mortar：見 Bricks and clicks。

Commoditized（商品化）：商品的獨特性（沒有任何其他品牌具有不一樣的特性）。消費者僅以價格做為購買的考量。

Conglomerate（企業集團）：在不相關產業中的企業結合，通常為某「控股公司」所有。此形式不再受到投資者的青睞。

Consolidation（統一、合併、聯合）：在某產業，較大企業購併或剔除較小企業以減少競爭者數目。

Convergence（會合、聚合）：1990 年代的術語，描述通訊、電腦與媒體之間與日俱增的互賴性。策略聚合是一種描述個別公司的策略逐漸變得相似的詞彙。

Core business（核心事業）：在組織的成功中扮演關鍵角色的事業。核心產品、核心技術亦然。這些絕不能外包。

Cost of entry（進入成本）：見進入／退出障礙。

Disclosure（揭露）：向股東及其他利益團體，提供有關交易活動、財務績效、資產、負債等資訊。

Efficiency vs. effectiveness（效率與效能）：效率是節省時間、金錢或努力（杜拉克認為，效率是以正確的方法做事情）。效能是從事高品質工作以達成目標（這是做正確的事情）。

Entrepreneur（創業家）：創造事業提供市場產品或服務以獲取利潤的人（源自法文 entreprendre，去承擔）。也有主動、冒險精神的意涵。

Ethical investment（倫理投資）：避免投資於違背倫理的公司（如武器、菸草、重度污染等）的投資方式。對某些公司而言，公司治理也是一個倫理議題。

5S：日本公司在工作職場所講究的次序與整潔。5S 分別代表 seiri（整潔）、seiton（次序）、seiso（乾淨）、seiketsu（標準）、shitsuke（持久的紀律）。

Flattening：扁平式（見 Hierarchical organization）。

Flotation（籌資開辦）：見 IPO。

Function（功能、部門）：事業中獨特的部門，通常有其預算。功能部門包括銷售、生產、行銷、人力資源與財務。

Goodhard's Law（古德哈特定律）：本質上來說，當一項措施變成目標時，它就不再是一項好的措施，因為它改變了人們活動的聚焦點。

Hierarchical organization（層級式組織）：具有許多管理層級的組織，通常像金字塔形狀，報告由下而上直到管理頂端。「扁平化」即是移除當中的某些層級。

Inventory（存貨）：公司在任何時點所囤積的原料、在製品與成品。

IPO（Initial public Offering, 初次公開發行）：鼓勵大眾向公司做第一次投資。其他的說法還有：籌資開辦（flotation）、儲券發行（listing），甚是報價（getting quoted）。

Listing（儲券發行）：見 IPO。

Logistics（後勤、後勤學）：技術上是指在供應鏈上物料及資訊流動的管理。但更常為明確地表示運輸和儲存的管理。

Margin（邊際、利潤邊際）：利潤佔銷售的比例。高利潤邊際是好現象，而低利潤邊際則不是。

Mass Customization（大量客製化）：將大量製造的產品配合個別消費者的偏好。

Metrics（量尺）：「衡量」的術語。

Multinationals（多國企業）：在一國以上營運的企業。有些這類公司喜歡被稱為「全球公司（Global companies）」。

NGO（Non-governmental organization, 非政府組織）：通常有利他的目的，並涉及股東、社會責任議題。

Niche（利基）：較大市場的較小部分。利基行銷比大量行銷更具有目標市場性。

Non-correlated（不相關）：描述商業週期彼此不相關的企業或投資。由於其命運不會同時旺盛或衰退，所以「不相關」可以避免企業大起大落。

Non-executive director（非執行董事）：不被公司雇用為執行長的董事。「獨立的」非執行董事可望代表股東的利益。曾經任職於公司的非執行董事是「不獨立的」。

'Not invented here' syndrome（「非我所創」併發症）：抗拒來自於公司外部，甚至非本部門的任何構想或實務（譯註：十足的本位主義）。

Offshoring（境外生產）：將公司的營運，通常是製造，移往其他公司。與外包（outsourcing）不同的是，外包是將營運作業委外經營給其他公司，不論國內或海外。

Penetration（滲透）：市場滲透是指進入新市場。滲透性定價是在開始時以低價來獲得消費者的接受。

Productivity（生產力）：每單位生產要素的投入所獲得的產出，通常以生產某產品所需的小時數來衡量。提高生產力是管理者的首要任務。

Resources（資源）：用於達成某特定目標的人力、設備、裝置、金錢、物料。資源的問題在於其有限性。

SBU（Strategic business unit, 策略事業單位）：公司內的分公司、事業部或甚至產品。而它們有其專有的市場，並擬訂本身的策略。

Shareholder value（股東價值）：為股東賺進更多的錢，這可能是更高的股價、股息，或一次性現金支付。

Skimming（刮脂）：新產品的定價策略，尤其是獨特的產品。刮脂定價在開始時，市場的接受度有多高，就定多高的價格，然後當競爭者出現時，就可降低價格。

Skunk works（臭鼬小組）：一小群專家，他們不受公司嚴密的教條所束縛，通常秘密進行新產品或科技的發展〔譯註：Skunk works 這個術語是洛克希德•馬丁首創。該公司成立一個由設計工程師所組成的小組，開發專用飛機（如 U2 偵察機）。一般員工覺得他們十分神祕，猜不透到底在做什麼事，乾脆稱呼他們是 skunk works（臭鼬）〕。

Street furniture（街道傢俱）：城市設施（即指座落於城市街頭、廣場、綠地等室外環境中的小型建築設施，如長椅、路燈柱、書報攤、公共電話亭、巴士候車亭等），已成為新式戶外廣告的媒介。

Sustainable development（永續性開發）：大企業被期待要發展的行為，以使得目前的行為不至於削減未來世代滿足其需求的能力，主要是在（而非僅在）環境方面。

Synergy（綜效）：一加一等於三的能力。當兩家公司或活動合併時，所希望創造的加值部分。

Unit cost（單位成本）：生產某一件東西的成本。規模經濟指出某件東西的生產數量越多，單位成本就越低。

Venture capital（風險性資本）：對新興公司或成長快速的年輕公司提供的融資；這些公司會被認為太具風險性，因此很難從其他來源吸引到所需資本。這是一個高風險、高報酬的投資。

Vertical integration（垂直整合）：公司在供應鏈上延伸其控制權的情形；如果購併供應商，就是向後垂直整合；如果是掌控經銷權，就是向前垂直整合。

Viral marketing（病毒式行銷）：鼓勵人們將行銷訊息透過社會網路（如口碑、電子媒介等）加以散播的技術，就好像病毒的散播。如果傳遞率高，行銷宣傳就會有滾雪球效應；如果傳遞率低，訊息就會無聲無息地消失。

50 MANAGEMENT IDEAS YOU REALLY NEED TO KNOW by EDWARD RUSSELL-WALLING
Copyright: © 2007 BY EDWARD RUSSELL-WALLING
This edition arranged with Quercus Editions Limited
through Big Apple Agency, Inc., Labuan, Malaysia
TRADITIONAL Chinese edition copyright:
© 2013 WU-NAN BOOK INC.
All rights reserved.

RM39

50則非知不可的管理學概念

作　　者　愛德華 羅素-沃林（Edward Russell-Walling）
譯　　者　榮泰生
發 行 人　楊榮川
總 經 理　楊士清
總 編 輯　楊秀麗
主　　編　侯家嵐
責任編輯　李貞錚
文字校對　丁文星
封面設計　王麗娟
出 版 者　五南圖書出版股份有限公司
地　　址　106台北市大安區和平東路二段339號4樓
電　　話　(02)2705-5066
傳　　真　(02)2706-6100
劃撥帳號　01068953
戶　　名　五南圖書出版股份有限公司
網　　址　http://www.wunan.com.tw
電子郵件　wunan@wunan.com.tw
法律顧問　林勝安律師事務所　林勝安律師
出版日期　2013年 7 月初版一刷
　　　　　2019年12月二版一刷
定　　價　新臺幣320元

國家圖書館出版品預行編目資料

50則非知不可的管理學概念 / 愛德華羅素-沃林(Edward Russell-Walling)著；榮泰生譯. -- 二版. -- 臺北市：五南, 2019.12
面； 公分
譯自：50 management ideas : you really need to know
ISBN 978-957-763-729-1（平裝）
1.管理科學
494　　108017494